井间动态连通性原理及在致密储层的典型应用

刘 顺 赵 辉 著

西安石油大学优秀学术著作出版基金
西安石油大学科技创新基金研究项目
国家科技重大专项资助项目（2016ZX05050-009）
中国石油科技创新基金研究项目（2016D-5007-0207）

科学出版社
北京

内 容 简 介

本书介绍了井间动态连通的基本理论及具体应用,并为解决井间优势通道问题提供了一种特别的思路与方法,是优化注采方案、调整改造措施、量化效果评价的一种有效手段。全书共七章,内容包括连通性模型、油藏井间连通性软件开发、典型储层的沉积微相及非均质性特征、井间砂体连通性、中高含水原因,以及控水稳油技术、注水受控因素和治理对策和水驱效果开发技术政策。本书以两个区块的 9 口注采井为例,综合地质、采油、油藏等专业知识,将石油、地质、计算机、测控和管理等学科知识加以融合,为交叉学科在石油开采领域的联合应用提供了指导。

本书可供石油工程、石油地质、海洋石油工程、非常规油气等领域从事基础研究和应用的研究人员、高年级本科生、研究生和管理人员参阅,也可供从事油气田勘探与开发的工程技术人员参考。

图书在版编目(CIP)数据

井间动态连通性原理及在致密储层的典型应用 / 刘顺,赵辉著. —北京:科学出版社,2018.11
ISBN 978-7-03-058882-1

Ⅰ. ①井… Ⅱ. ①刘… ②赵… Ⅲ. ①油藏–储集层–研究 Ⅳ. ①P618.130.2

中国版本图书馆CIP数据核字(2018)第215547号

责任编辑:耿建业 韩丹岫 / 责任校对:彭 涛
责任印制:张 伟 / 封面设计:无极书装

科 学 出 版 社 出版
北京东黄城根北街 16 号
邮政编码:100717
http://www.sciencep.com
北京中石油彩色印刷有限责任公司 印刷
科学出版社发行 各地新华书店经销

*

2018 年 11 月第 一 版 开本:720×1000 1/16
2018 年 11 月第一次印刷 印张:12
字数:230 000
定价:98.00 元
(如有印装质量问题,我社负责调换)

前　言

目前，注水开发仍然是中国大部分油田主要采用的开发方式，对于注水开发油藏，获取井间连通性信息是油藏描述和注水开发设计的重要基础，基于井间连通性的生产动态预测已在油田开发中得到了一定应用。本书以作者在油藏井间连通性模型方面的研究成果、编制的油藏连通性软件及在鄂尔多斯盆地致密储层中的现场典型应用为主要内容，以期将井间连通性领域研究的部分理论与读者探讨、分享。

全书共分为七章：第一章详细介绍了三类连通性模型的理论与方法原理，阐述了不同连通性模型的改进思路与优缺点；第二章介绍了基于理论方法编制的油藏连通性软件，包括软件功能特点与使用说明介绍；第三章介绍了黄 219 区和盐 67 区的沉积微相及非均质性等储层特征，包括油藏地质概况、精细小层划分与对比、沉积微相研究、非均质性评价；第四章介绍了油藏井间砂体连通性，分析了井组水驱控制程度，划分了井组注采不完善类型，并利用前述理论对油藏井间动态连通程度进行了定量计算与分析；第五章介绍了中高含水原因及控水稳油技术，对黄 219 区油井高含水现状进行了统计分类，对该区块高含水原因从储层含油性特征、微构造、产出水含盐数据统计及见水时间等方面进行精细对比分析，提出了相应的油井改造措施与控水稳油政策；第六章介绍了注水受控因素及对策研究，对盐 67 区高压欠注问题从注水井口压力与日注量、吸水剖面与动态连通性关系、注采对应关系与改造措施等进行精细分析，提出了相应的治理对策。第七章介绍了水驱效果及开发技术政策，通过对区块水驱采收率、含水率与采出程度关系、井网适应性、地层压力保持水平、合理地层压力、注入量、生产压差、采油速度、单井产能及合理注采比的计算和分析，得到了相应的开发技术政策。

本书第一章和第二章内容由赵辉、刘顺编写，刘伟协助完成了第一章中概念油藏算例测试工作及实际油藏的应用结合与测试工作；第三章内容由刘顺编写；第四章内容由刘伟、赵辉编写；第五章~第七章内容由刘顺编写。刘顺负责全书的统稿工作。

本书得到了西安石油大学石油工程学院和长江大学石油工程学院的大力支持和资助，研究生沈文洁、许凌飞等在本书的校对过程中也做了大量工作。

在此，作者对为本书出版做出过努力及提供过帮助的单位和个人，表示衷心的感谢。

由于作者水平和学识有限，书中难免有疏漏之处，欢迎读者在阅读本书时指出所存在的问题和错误，作者将表示诚挚的谢意。

作 者

2018 年 6 月

目 录

前言
第一章 连通性模型 ·· 1
  第一节 基于系统分析方法的油藏连通性模型 ·· 2
    一、多元线性回归模型 ··· 2
    二、基于系统分析方法模型的建立及求解 ··· 9
    三、算例测试 ·· 14
  第二节 考虑关停井情况的油藏连通性模型 ·· 19
    一、模型建立 ·· 20
    二、模型的求解反演方法 ··· 23
    三、算例测试 ·· 25
  第三节 基于水电相似性的油藏连通性模型 ·· 27
    一、模型的建立 ··· 27
    二、模型参数的求解 ··· 29
    三、典型油藏井间动态连通性反演 ··· 30
  本章小结 ··· 33

第二章 油藏井间连通性软件开发 ··· 34
  第一节 油藏井间连通性软件功能简介 ·· 34
    一、数据输入 ·· 34
    二、模型求解 ·· 35
    三、结果输出 ·· 35
  第二节 油藏井间连通性软件使用流程 ·· 35
    一、软件安装、运行与退出 ··· 35
    二、项目管理 ·· 39
    三、数据输入 ·· 42
    四、模型求解 ·· 47
    五、结果输出 ·· 48
  本章小结 ··· 52

第三章 典型储层的沉积微相及非均质性特征 ·· 53
  第一节 油藏地质概况 ·· 53
    一、研究区域地理位置 ··· 53
    二、构造位置及演化史 ··· 54

三、延长组地层特征 54
　　四、勘探开发简况 55
第二节　精细小层划分与对比 56
　　一、小层划分与对比的原理 56
　　二、确定研究区标准井、建立标准剖面和骨架网 57
　　三、确定标志层 57
　　四、小层划分与对比结果 58
第三节　沉积微相研究 59
　　一、区域沉积背景 59
　　二、沉积微相划分方案 62
　　三、测井相和单井相分析 62
　　四、沉积微相平面展布特征 65
第四节　非均质性评价 68
　　一、层内非均质性 68
　　二、层间非均质性 71
　　三、平面非均质性 72
本章小结 73

第四章　井间砂体连通性 74
第一节　井组水驱控制程度 74
　　一、水驱控制状况 74
　　二、注采不完善类型分析 76
第二节　井间动态连通性 76
　　一、井间动态连通方法的现场验证 76
　　二、黄219区动态连通程度 79
　　三、盐67区动态连通程度 88
本章小结 96

第五章　中高含水原因及控水稳油技术 97
第一节　综合含水率与高含水井现状 97
第二节　高含水原因分析理论基础 98
　　一、产出水含盐数据统计分析 98
　　二、理论见水公式 100
　　三、储层含油性特征 101
　　四、微构造分析 101
第三节　高含水井精细分析 103
　　一、坊86-121井 103
　　二、坊90-123井 105

三、坊 88-123 井 ························ 106
　　　四、坊 79-120 井 ························ 109
　　　五、坊 75-122 井 ························ 111
　第四节　合理的初期改造措施效果 ············ 114
　　　一、西部区域初期改造 ···················· 114
　　　二、中部区域初期改造 ···················· 114
　　　三、东部区域初期改造 ···················· 118
　　　四、水平井区域初期改造 ·················· 120
　第五节　油井措施效果对含水率的影响 ········ 122
　本章小结 ···································· 124

第六章　注水受控因素及治理对策 ·············· 125
　第一节　高压欠注现状 ························ 125
　　　一、注水井井口压力与日注量 ·············· 125
　　　二、物质平衡法计算地层压力 ·············· 127
　第二节　注水井吸水剖面分析 ·················· 128
　　　一、吸水剖面与动态连通性关系 ············ 128
　　　二、储层内外因素导致注入压力高 ·········· 132
　第三节　盐 67 区精细注采对应关系分析 ········ 133
　　　一、新盐 98-101 井组 ····················· 133
　　　二、新盐 114-95 井组 ····················· 137
　　　三、新盐 102-99 井组 ····················· 142
　　　四、新盐 116-95 井组 ····················· 146
　第四节　盐 67 区注水井改造措施效果 ·········· 150
　　　一、注水井初期改造措施 ·················· 150
　　　二、生产实践措施效果 ···················· 152
　本章小结 ···································· 156

第七章　水驱效果及开发技术政策 ·············· 157
　第一节　水驱效果 ···························· 157
　　　一、区块水驱采收率 ······················ 157
　　　二、含水率与采出程度关系 ················ 158
　　　三、存水率和水驱指数 ···················· 159
　第二节　开发技术政策研究 ···················· 160
　　　一、井网密度 ···························· 160
　　　二、井排距计算 ·························· 163
　　　三、井网适应性评价 ······················ 166
　　　四、压力系统设计 ························ 166

五、注水时机及注水强度设计 ··· 173
六、合理采油速度及单井采液强度 ··· 175
七、合理注采比 ··· 177
本章小结 ·· 178
参考文献 ·· 180

第一章 连通性模型

水驱是油田一次采油后普遍采用的提高采收率的技术,因为其成本低、水源普遍等优点,广泛应用于常规砂岩油藏、低渗透油藏和碳酸盐岩油藏等各类油藏。但随着水驱油藏开发的进行,由于油水物性差异、油藏非均质性,往往会形成高渗条带,尤其是经过长期高速注水开发,岩石表面吸附的黏土颗粒会发生膨胀、水化、分散和运移,从而形成大孔道,导致注采矛盾突出、稳产难度增大(杜庆龙,2016;韩德金等,2007)。我国大多数油田已进入开发中后期,含水率普遍较高,对于高渗条带发育的地层,窜流现象严重,注入水无效循环多、效率低、波及系数低,层内、层间矛盾显著,导致整体含水率上升快,影响油田采收率,需要实时分析油藏开发特征、井间连通关系,进而调整开发方案,改善开发效果。对于注水开发油藏,获取井间连通性信息来分析油藏注采关系,对表征剩余油分布状况及指导制定生产方案具有重要意义。但地质非均质性强,地下流体流动特征复杂,因此,如何快捷准确地获取井间连通性信息,一直是油田注水开发过程中的难点问题。

井间连通性研究是油藏动态分析的重点工作,主要是研究优势通道分布,对于优化注采方案、制定注水调剖等措施方案具有指导意义。油田现场一般通过电缆测井、地层对比、示踪剂、地球化学和井间干扰试井等方法获取井间连通性信息(盖平原,2011;钱志等,2008;路琳琳等,2012;刘振宇等,2000;廖红伟等,2002;万新德和吴逸,2006;文志刚等,2004;张钊等,2006),普遍存在解释周期长、成本高等不足,因而应用范围有限,不能快速地获取油藏特征。油藏是一个动力学系统,水井注入量变化会引起油井产液波动,而波动幅度与连通程度有关,因此,利用注采数据定性判断油水井间的连通性,具有一定的可靠性。目前,油田现场根据这种思想来定性地判断注采井间的连通性,但都存在着主观性强、结果不准确的问题。而且油藏中的每口井并不是孤立的,生产井的产量变化是所有与之连通的注水井共同作用的结果,生产井得到的信号可能增强或减弱,这就需要我们对注水井的不同作用进行分离。本书把油藏的生产井、注水井、井间孔道看成一个注采系统整体,研究注采信号在油藏中的传播特征;引入信号处理技术,结合油藏的地质条件、物源条件和压力,建立激励(注入量)和响应(产液量)之间的系统分析模型并进行求解,形成利用动态数据反演油藏井间动态连通性的矿场实用技术。

常规的连通性分析方法主要从储层的静态范畴和动态范畴两方面进行研究。

静态范畴一般是通过地质和物探方法得到连通性信息(钱志等,2008;路琳琳等,2012),而油藏井间动态连通性是指油藏开发后井间流体的连通程度,对油藏的动态连通性的认识更有利于指导油藏开发。油藏连通性动态分析方法主要包括常规动态分析方法(刘振宇等,2000;廖红伟等,2002;万新德和吴逸,2006;文志刚等,2004;张钊等,2006)和基于生产数据的井间连通性评价方法(Heffer et al.,1997;Jansen and Kelkar,1997;Refunjol and Lae,1998;Soeriawinata and Kelkar,1999;Albertoni and Lake,2003;Tiab and Dinh,2008;Dinh and Tiab,2008;Yousef et al.,2006;Kaviani et al.,2008;Sayarpour,2008;Sayarpour et al.,2010;Nguyen et al.,2011;Salazar-Bustamante et al.,2012;Panda and Chopra,1998)。

第一节 基于系统分析方法的油藏连通性模型

油藏井间动态连通性反演以油藏生产动态数据为基础。Albertoni 和 Lake(2003)采用了多元线性回归(MLR)方法解决油藏井间动态连通性问题,其实现简单、易于计算,取得了较好的效果。但该模型过于理想、考虑因素较少,且忽略了注采系统的本质特性。赵辉等(2010)利用注采系统的一阶时滞特性建立了基于系统分析方法模型的连通性求解方法。模型特征参数物理意义明确,可有效地表征油藏井间动态连通性、时滞性。

一、多元线性回归模型

Albertoni 提出了油藏井间动态连通性反演的多元线性回归模型,该模型包含两种特殊情形下的多元线性回归模型:油藏注采平衡情形下的多元线性回归(BMLR)模型和油藏注采瞬时平衡情形下的多元线性回归(IBMLR)模型。

(一)多元线性回归模型的建立

把油藏的注水井、生产井及井间孔道看作一个完整的系统,则注水井的注入量为该系统的激励,生产井的产液量为该系统的响应输出,生产井的产液量受到邻近多口注水井注入量的影响。根据多元线性回归的思想,第 j 口生产井的产液量可由以下多元线性回归模型表示:

$$\hat{q}_j(n) = \beta_{0j} + \sum_{i=1}^{I}\beta_{ij}i_i(n) \quad (j=1,2,\cdots,N) \tag{1-1}$$

式中,β_{0j} 为常数项;β_{ij} 为第 j 口生产井和第 i 口注水井的多元线性回归权重系数;$i_i(n)$ 为第 i 口注水井在时间步 n 的注入量;$\hat{q}_j(n)$ 为第 j 口生产井在时间步 n 的产液量。

β_{0j} 是水驱油藏的注采不平衡系数，即在水驱油藏注采不平衡时，存在的非平衡系数。由于油藏的非均质性，注入水窜入非生产层会引起注采不平衡。生产井产液量变化并非全部由注入水引起，如边水侵入和底水锥进也会引起注采不平衡。权重系数 β_{ij} 表征生产井 j 和注水井 i 的动态连通程度。该模型即为描述注采井间动态连通性的多元线性回归模型。

多元线性回归模型的权重系数 β_{ij} 可通过用最小二乘法求取生产井产液量观测值与估计值的最小残差平方和(SSE)得到：

$$\min \text{SSE} = \min\left\{\sum_{n=1}^{N}\left[q_j(n)-\hat{q}_j(n)\right]^2\right\} \tag{1-2}$$

式中，N 为计算时间域内的数据点个数。使最小残差平方和取得极小值的最小二乘估计值应满足如式(1-3)所示方程：

$$\frac{\partial}{\partial \beta_{ij}}\left\{\sum_{n=1}^{N}\left[q_j(n)-\hat{q}_j(n)\right]^2\right\}=0 \tag{1-3}$$

该方程也可用式(1-4)表达：

$$\sum_{h=1}^{i}\beta_{hj}\text{Cov}_{ih}=\text{Cov}_{ij} \tag{1-4}$$

式中，Cov_{ih} 为注水井 i 和注水井 h 注入量之间的协方差；Cov_{ij} 为注水井 i 注入量和生产井 j 产液量之间的协方差。

$$\text{Cov}_{ih}=E\left\{\left[i_i-E(i_i)\right]\left[i_h-E(i_h)\right]\right\} \tag{1-5}$$

$$\text{Cov}_{ij}=E\left\{\left[i_i-E(i_i)\right]\left[q_j-E(q_j)\right]\right\} \tag{1-6}$$

式中，i_i 为第 i 口井的注入量；i_h 为第 h 口井的注入量；$E(i_i)$、$E(i_h)$ 为 i_i 和 i_h 的数学期望。

对于离散取样的注采动态数据点，Cov_{ih} 和 Cov_{ij} 可以由式(1-7)和式(1-8)表示：

$$\text{Cov}_{ih}=\frac{1}{N}\sum_{n=1}^{N}\left[i_i(n)-\bar{i}_i\right]\left[i_h(n)-\bar{i}_h\right] \tag{1-7}$$

$$\text{Cov}_{ij}=\frac{1}{N}\sum_{n=1}^{N}\left[i_i(n)-\bar{i}_i\right]\left[q_j(n)-\bar{q}_j\right] \tag{1-8}$$

式中，$\bar{i}_i$、$\bar{i}_h$、$\bar{q}_j$ 为注入量 i_i、i_h 和产液量 q_j 的样本均值。

式(1-4)可以用如式(1-9)所示的线性方程表示：

$$\begin{bmatrix} \text{Cov}_{11} & \text{Cov}_{12} & \cdots & \text{Cov}_{1I} \\ \text{Cov}_{21} & \text{Cov}_{22} & \cdots & \text{Cov}_{2I} \\ \vdots & \vdots & & \vdots \\ \text{Cov}_{I1} & \text{Cov}_{I2} & \cdots & \text{Cov}_{II} \end{bmatrix} \begin{bmatrix} \beta_{1j} \\ \beta_{1j} \\ \vdots \\ \beta_{Ij} \end{bmatrix} = \begin{bmatrix} \text{Cov}_{1j} \\ \text{Cov}_{2j} \\ \vdots \\ \text{Cov}_{Ij} \end{bmatrix} \quad (1\text{-}9)$$

通常称方程(1-9)为 I 阶的正规方程，它分为三个部分，第一部分为注入数据向量的协方差矩阵，可以通过注入动态数据求得；第二部分的列向量为注采系统多元线性回归模型权重的最小二乘估计值；第三部分即方程右边为注水井注入量与生产井产液量之间间协方差列向量，可通过注采动态数据求得。

在求得注采井组间的权重后，多元线性回归模型的常数项可由式(1-10)得到：

$$\beta_{0j} = \bar{q}_j - \sum_{i=1}^{I} \beta_{ij} \bar{i}_i (j=1,2,\cdots,N) \quad (1\text{-}10)$$

回归后的产液量估计值与实际值之间的相关程度由决定系数 R 描述：

$$R^2 = 1 - \frac{\text{SSE}}{\text{SSY}} \quad (1\text{-}11)$$

$$\text{SSY} = \sum_{n=1}^{N} \left[q_j(n) - \bar{q}_j \right]^2 \quad (1\text{-}12)$$

式中，SSE 为最小残差平方和；SSY 为回归平方和。

如果对所有注采数据通过标准差(Std)进行归一化处理，则线性方程(1-9)可以表示为

$$\begin{bmatrix} 1 & R_{12} & \cdots & R_{1I} \\ R_{21} & 1 & \cdots & R_{2I} \\ \vdots & \vdots & & \vdots \\ R_{I1} & R_{I2} & \cdots & 1 \end{bmatrix} \begin{bmatrix} \beta'_{1j} \\ \beta'_{1j} \\ \vdots \\ \beta'_{Ij} \end{bmatrix} = \begin{bmatrix} R_{1j} \\ R_{2j} \\ \vdots \\ R_{Ij} \end{bmatrix} \quad (1\text{-}13)$$

该方程的第一部分为标准化后注入数据向量的协方差矩阵，第二部分为多元线性回归模型权重的估计值，第三部分为注入数据与生产数据之间的相关系数列向量。

基于该变换，式(1-1)可以表示为

$$\left[\frac{\hat{q}_j(n) - \bar{q}_j}{\text{Std}(\hat{q}_j)} \right] = \beta'_{0j} + \sum_{i=1}^{I} \beta'_{ij} \frac{i_i(n) - \bar{i}_i}{\text{Std}(i_i)} (j=1,2,\cdots,N) \quad (1\text{-}14)$$

式中，$\mathrm{Std}(i_i)$ 为第 i 口注水井注入量样本标准差，具体表达式如式(1-15)所示：

$$\mathrm{Std}(i_i) = \sqrt{\frac{1}{N}\sum_{n=1}^{N}\left[i_i(n)-\bar{i}_i\right]^2} \tag{1-15}$$

经过标准差归一化变换后的多元线性回归模型权重系数与变换前的权重系数有如式(1-16)所示的关系：

$$\beta_{ij} = \frac{\mathrm{Std}(q_j)}{\mathrm{Std}(i_i)}\beta'_{ij} \tag{1-16}$$

(二)注采平衡多元线性回归模型

如果水驱油藏注采平衡，即油藏注入量的平均值近似等于产液量的平均值，则多元线性回归模型中的常数项为零。在该特殊情形下得到多元线性回归模型的另一种形式，即注采平衡情形下的多元线性回归模型：

$$\hat{q}_j(n) = \sum_{i=1}^{I}\beta_{ij}i_i(n)\,(j=1,2,\cdots,N) \tag{1-17}$$

模型表明，在任何时刻，生产井 j 的产液量是所有注水井注入量的线性组合。由式(1-10)可知，该模型应满足注采平衡约束条件：

$$\bar{q}_j = \sum_{i=1}^{I}\beta_{ij}\bar{i}_i\,(j=1,2,\cdots,N) \tag{1-18}$$

引入拉格朗日乘子 μ_j，平衡状态下的多元线性回归模型的目标函数变为

$$P = \sum_{n=1}^{N}\left[q_j(n)-\hat{q}_j(n)\right]^2 - 2\mu_j\left(\bar{q}_j - \sum_{i=1}^{I}\beta_{ij}\bar{i}_i\right) \tag{1-19}$$

为获得目标函数的最小值，对目标函数的所有权重系数（β_{ij}）和拉格朗日乘子 μ_j 求偏导，得到如式(1-20)所示方程组：

$$\begin{cases}\dfrac{\partial}{\partial \beta_{ij}}\left\{\sum_{n=1}^{N}\left[q_j(n)-\hat{q}_j(n)\right]^2\right\} = 0\,(i=1,2,\cdots,I) \\ \dfrac{\partial}{\partial \mu_j}\left\{\sum_{n=1}^{N}\left[q_j(n)-\hat{q}_j(n)\right]^2\right\} = 0\end{cases} \tag{1-20}$$

该式可以用如式(1-21)所示的线性方程组表示：

$$\begin{bmatrix} \text{Cov}_{11} & \text{Cov}_{12} & \cdots & \text{Cov}_{1I} & \bar{i}_1 \\ \text{Cov}_{21} & \text{Cov}_{22} & \cdots & \text{Cov}_{2I} & \bar{i}_1 \\ \vdots & \vdots & & \vdots & \vdots \\ \text{Cov}_{I1} & \text{Cov}_{I2} & \cdots & \text{Cov}_{II} & \bar{i}_I \\ \bar{i}_1 & \bar{i}_2 & \cdots & \bar{i}_I & 0 \end{bmatrix} \begin{bmatrix} \beta_{1j} \\ \beta_{2j} \\ \vdots \\ \beta_{Ij} \\ \mu_j \end{bmatrix} = \begin{bmatrix} \text{Cov}_{1j} \\ \text{Cov}_{2j} \\ \vdots \\ \text{Cov}_{Ij} \\ \bar{q}_j \end{bmatrix} \tag{1-21}$$

对所有注采数据进行标准差归一化变换，得到由注采井间动态数据相关系数表达的方程：

$$\begin{bmatrix} 1 & R_{12} & \cdots & R_{1I} & i_1' \\ R_{21} & 1 & \cdots & R_{2I} & i_2' \\ \vdots & \vdots & & \vdots & \vdots \\ R_{I1} & R_{I2} & \cdots & R_{II} & i_I' \\ i_1' & i_2' & \cdots & i_I' & 0 \end{bmatrix} \begin{bmatrix} \beta_{1j} \\ \beta_{2j} \\ \vdots \\ \beta_{Ij} \\ \mu_j \end{bmatrix} = \begin{bmatrix} \text{Cov}_{1j} \\ \text{Cov}_{2j} \\ \vdots \\ \text{Cov}_{Ij} \\ q_j' \end{bmatrix} \tag{1-22}$$

式中，$i_i' = \dfrac{\bar{i}_i}{\text{Std}(i_i)}$，$q_j' = \dfrac{\bar{q}_j}{\text{Std}(q_j)}$。

基于这种变换，平衡状态下的多元线性回归模型标准化后可表示为

$$\frac{\hat{q}_j(n)}{\text{Std}(\hat{q}_j)} = \sum_{i=1}^{I} \beta_{ij}' \frac{i_i(n)}{\text{Std}(i_i)} (j=1,2,\cdots,N) \tag{1-23}$$

与之对应的平衡约束条件变为

$$\frac{\bar{q}_j}{\text{Std}(q_j)} = \sum_{i=1}^{I} \beta_{ij}' \frac{\bar{i}_i}{\text{Std}(i_i)} (j=1,2,\cdots,N) \tag{1-24}$$

(三)瞬时平衡多元线性回归模型

油藏注采时刻保持平衡情形下的多元线性回归模型即为瞬时平衡多元线性回归模型，它与平衡多元线性回归模型类似，生产井 j 的产液量同样是所有注水井注入量的线性组合，并且该方程没有常数项。但是该模型的约束条件更为苛刻，它要求水驱油藏在每一个时间步都保持注采平衡，即油藏在每个时刻的总注入量近似等于总产液量。因此，IBMLR 模型只能应用于时刻保持注采平衡的油藏。IBMLR 模型可由式(1-25)表示：

第一章 连通性模型

$$\hat{q}_j(n) = \sum_{i=1}^{I} \beta_{ij} i_i(n) \quad (n=1,2,\cdots,N) \tag{1-25}$$

该瞬时平衡模型的约束条件为

$$\sum_{j=1}^{S} \hat{q}_j = \sum_{j=1}^{S} \sum_{i=1}^{I} \beta_{ij} i_i = \sum_{i=1}^{I} i_i \tag{1-26}$$

式中，S 为注水井数。式(1-26)也可表示为

$$\sum_{i=1}^{I} i_i \sum_{j=1}^{S} \beta_{ij} = \sum_{i=1}^{I} i_i \tag{1-27}$$

因此，针对每口注水井的瞬时平衡约束条件为

$$\sum_{j=1}^{S} \beta_{ij} = 1 \tag{1-28}$$

式(1-28)表明每口注水井与所有生产井间的权重和为 1。IBMLR 模型通过平衡约束条件将所有的生产井和注水井联系起来，所以求解 IBMLR 模型时必须考虑所有生产井，而在求解 BMLR 模型时只是单独考虑一口生产井。引入拉格朗日乘子 μ_j，并加入瞬时平衡约束条件，得到目标函数：

$$Q = \sum_{j=1}^{S} \sum_{n=1}^{N} \left[q_j(n) - \hat{q}_j(n) \right]^2 - \sum_{i=1}^{I} 2\mu_j \left(1 - \sum_{j=1}^{S} \beta_{ij} \right) \tag{1-29}$$

为求取目标函数的最小值，对目标函数的权重系数和拉格朗日乘子 μ_j 求偏导，各偏导数满足如式(1-30)所示的方程：

$$\begin{cases} \dfrac{\partial Q}{\partial \beta_{ij}} = 0 \quad (i=1,\cdots,I, j=1,\cdots,S) \\ \dfrac{\partial Q}{\partial \mu_{ij}} = 0 \end{cases} \tag{1-30}$$

该方程的 $S \cdot I + I$ 个线性方程最终可表示为如式(1-31)所示的形式：

$$\begin{bmatrix} C_{II} & \overline{0} & \cdots & \overline{\Sigma} \\ \overline{0} & C_{II} & \overline{0} & \overline{\Sigma} \\ \vdots & \overline{0} & & \vdots \\ \overline{\Sigma} & \overline{\Sigma} & \cdots & \overline{0} \end{bmatrix} \begin{bmatrix} \overline{\beta} \\ \overline{\mu} \end{bmatrix} = \begin{bmatrix} C_{I-q_1} \\ \vdots \\ C_{I-q_S} \\ \overline{I} \end{bmatrix} \tag{1-31}$$

式中，C_{II} 为注水井之间的 $I×I$ 维协方差矩阵；C_{I-q} 为注水井与生产井之间的 I 维列向量；$\bar{0}$ 为 $I×I$ 维由 0 组成的矩阵；$\bar{\Sigma}$ 为 $I×I$ 维单位矩阵；$\bar{\beta}$ 为 $S×I$ 个权重的列向量；$\bar{\mu}$ 为 I 个拉格朗日乘子的列向量；$\bar{I}$ 为单位列向量。

(四) 多元线性回归模型应用条件

严格地说，应用多元线性回归模型反演井间动态连通性应满足一定的假设条件。模型要求在反演时间域内，除注采数据外的所有油藏参数恒定。主要的假设条件如下所述。

(1) 生产井井底流压恒定。注入量的变化会引起周围生产井井底流压的变化。模型假定生产井产液量的变化仅由注水井注入量的变化引起。

(2) 生产井产能恒定。在反演时间域内无增产措施和油井污染引起生产井表皮系数变化，在该假设情形下，生产井采油指数恒定。

(3) 气油比(GOR)恒定。油藏中气相饱和度的变化必然引起油藏气油比的变化。气相饱和度的变化意味着油藏综合压缩系数(C_t)的改变，进而引起油藏导压系数的变化。因此，为获得较好的反演结果，在选定的反演时间域内 GOR 应保持恒定，并等于溶解气油比。在一般情形下，油水饱和度的变化不会引起油藏性质(导压系数)的显著变化，除非油水压缩系数相差很大。

(4) 油层未采取新的完井措施。在反演时间域内不能射开新层，也不能对油层采取其他完井措施。

(5) 在模型中非水驱作用引起的产液量恒定。

实际油藏在生产过程中很难满足这些条件，因此在应用多元线性回归模型反演油藏井间动态连通性时可适当放宽模型应用条件。一般情形下，所选取数据点时间域内油藏满足条件(1)～(3)时就可应用该模型反演油藏井间动态连通性。

(五) 多元线性回归模型特点

多元线性回归模型应用于水驱油藏注采不平衡的情形。该线性回归模型生产井的主要产液量均与注水井相关，该模型中的常数项表征了与注水井无关的部分产液量。从统计学观点来看，常数项代表了产液量估计值和实测值的偏差。模型权重的估计值通过求取产液量估计值与实测值间的最小残差和得到。模型对权重估计值与系统输入(注入量)的统计特征不作约束。当产液量决定系数为 1 时，模型为无偏估计。

BMLR 模型应用于水驱油藏注采平衡的情形。模型要求满足约束条件：产液量估计值均质与实测值均值相等，在该约束条件下，回归模型估计值为无偏估计。在求解模型时引入拉格朗日乘子以满足约束条件，模型可以通过拉格朗日乘子和产液量估计值的决定系数验证。如果拉格朗日乘子足够小，就不需要引入误差变量的补偿项来满足约束条件；如果拉格朗日乘子较大，则满足约束条件的误差变量增大，决定系数变小；如果决定系数为1，BMLR模型反演结果较好，且模型产液量估计值为无偏估计。通常，BMLR模型反演得到的权重估计值为有偏估计。

IBMLR模型与BMLR模型类似，但约束条件更为苛刻，它要求油藏在每个采样时间点保持注采平衡、每口注水井的权重系数和约为1。IBMLR模型中产液量估计值均值和产液量实测值均值不相等，为有偏估计。因为该模型过于理想化，它要求油藏中所有井都是相互连通的，且每个时间步都满足注采平衡，不符合油藏的实际特点，所以在反演实际油藏井间动态连通性时应用较少。

从注入信号的时滞性和衰减性规律研究中可知，注入信号在油藏中传播时存在衰减和延时，多元线性回归模型没有考虑注入信号时滞性、衰减性对动态连通性的影响，需要进一步改进。

二、基于系统分析方法模型的建立及求解

(一) 模型建立

系统分析模型是利用注采系统的一阶时滞特性而建立的，其与电容模型较为相近，但是该模型特征参数相对较少。

油藏的注水井、生产井及井间介质是一个完整的系统，注水井的注入量(激励)是系统的输入信号，生产井的产液量(响应)则是系统的输出信号。利用数值模拟方法，保持油井井底压力恒定，计算得到了注入量为单位阶跃信号和单位矩形脉冲信号下的生产井的产液响应，如图1-1所示。由图1-1可以看出，由于注入信号在井间传播过程中的损耗，生产井产液量相比注入信号存在一定的衰减和延时。

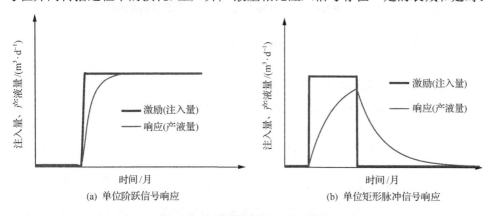

图1-1 注采系统信号响应示意图

Liu和Mendel等(2007)根据单位矩形脉冲信号系统响应，给出了初始条件为零时注采响应的传递函数：

$$H(s) = \frac{q(s)}{i(s)} = \frac{b}{(s+a)^2} \tag{1-32}$$

式中，s 为拉普拉斯变量；H 为注采响应传递函数；q 为系统响应（产液量）；i 为系统激励（注入量）；a 和 b 为待定常数。

由注采系统的传递函数经过拉普拉斯逆变换得到单位矩形脉冲时刻 t 下的产液系统响应：

$$q(t) = H(t) = bt\mathrm{e}^{-at} \tag{1-33}$$

考虑一注一采情况下，生产井产液响应 $q(n)$ 可看成是各时刻矩形脉冲在 n 时刻的叠加：

$$q(n) = \alpha + \sum_{m=1}^{n} b(n-m+1)\mathrm{e}^{-a(n-m+1)} i(m) \tag{1-34}$$

式中，α 为不平衡常数，$m^3 \cdot d^{-1}$；$q(n)$ 为生产井产液响应，$m^3 \cdot d^{-1}$；$i(m)$ 为注水井注入量，$m^3 \cdot d^{-1}$。

可以看出式(1-34)中参数 a 和 b 的物理意义不够明确，Liu 等（2007）应用扩展卡尔曼滤波法进一步考虑多口生产井和注水井的情况，对注采井组间动态连通性进行了预测，但求解过程较为复杂。考虑基于单位阶跃信号系统响应特征，建立了井间动态连通性模型。

图 1-1(a)中油井的单位阶跃信号响应特征表明，注采系统具有一阶线性时滞系统的特征，在工程实践中，一阶系统不乏其例，有些高阶系统的特性常可用一阶系统来表示（胡寿松，2001）。一阶线性时滞系统系统传递函数为

$$H(s) = \frac{1}{\tau s + 1} \tag{1-35}$$

式中，τ 为一阶线性时滞系统的时间常数，表征信号的时滞性。

根据注采系统的传递函数，一阶线性系统的零状态单位阶跃响应为

$$q(t) = H(t) = 1 - \mathrm{e}^{-\frac{t}{\tau}} \qquad (t > 0) \tag{1-36}$$

以生产井 j 为中心，考虑有 I 口注水井，设注水井 i 对生产井 j 产液信号的影响权重系数为 λ_{ij}，如图 1-2 所示，则所有注水井对生产井 j 产液的激励为 $\sum_{i=1}^{I} \lambda_{ij} i_i(t)$。对注水井注入量按月采样（注入量取月平均值），以第一个月 n_0 为例，生产井 j 在注入脉冲作用下的产液量信号响应为

$$q_j(t) = \begin{cases} \sum_{i=1}^{I} \lambda_{ij} i_i(t)(1-e^{-t/\tau_j}) & (n_0 < t \leq n_0 + 1) \\ \sum_{i=1}^{I} \lambda_{ij} i_i(1)(1-e^{-1/\tau_j})e^{-(t-1)/\tau_j} & (t \geq n_0 + 1) \end{cases} \quad (1\text{-}37)$$

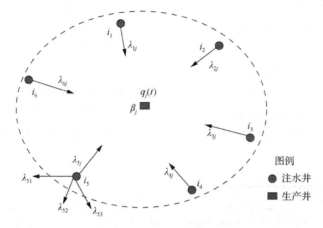

图 1-2 以生产井 j 为中心的连通关系示意图
箭头方向代表权重系数方向

当注入量连续变化时,将各时间步注水井注入脉冲在生产井上的响应叠加起来,考虑初始产液的影响则生产井的真实反映(即产液量)可表示为

$$q_j(n) = q_j(n_0) e^{\frac{-(n-n_0)}{\beta_p}} + \sum_{i=1}^{I} \lambda_{ij} \sum_{m=1}^{n} e^{\frac{m-n}{\tau_j}} (1 - e^{-\frac{1}{\tau_j}}) i_i(m) \quad (1\text{-}38)$$

同时考虑井底压力变化或生产井间干扰引起的不平衡项,生产井 j 产液量估计值为

$$\hat{q}_j(n) = \alpha_j + q_j(n_0) e^{\frac{-(n-n_0)}{\beta_p}} + \sum_{i=1}^{I} \lambda_{ij} \sum_{m=1}^{n} e^{\frac{m-n}{\tau_j}} (1 - e^{-\frac{1}{\tau_j}}) i_i(m) \quad (1\text{-}39)$$

式中,$\hat{q}_j(n)$ 为生产井 j 产液量估计值,$m^3 \cdot d^{-1}$;α_j 为不平衡常数,$m^3 \cdot d^{-1}$;$q_j(n_0)$ 为生产井 j 产液量初始值,$m^3 \cdot d^{-1}$;$i_i(m)$ 为第 i 口注水井的注水量,$m^3 \cdot d^{-1}$;β_p 为生产井 j 和第 i 口注水井间产液量初始值影响权重;λ_{ij} 为连通系数,表征井间的动态连通程度;τ_j 为时滞系数,表征了注采井间信号的耗散程度。

式(1-39)包含三个部分,第一部分为表征注采不平衡的常数项,第二部分为产液量初始值的影响;第三部分为注入信号预处理后的修正值。一般情况下,产液量初始值的影响较小,可不予考虑。

(二) 时滞系数分析

当前,尽管不少学者通过引入反映注入动态时滞和衰减性的特征参数进行连通性模型预测,但均未分析其具体的地质意义。实际上,时滞性的不同本质上反映了油藏地质参数的差别,这里借助数值模拟技术对时滞系数的影响因素进行了分析,得出了时滞系数与地质参数的定量关系。建立了一注一采均质油藏模型,其中注水井恒速注入,生产井定压生产。地质参数包括综合压缩系数、渗透率、孔隙度、油层厚度、黏度及井距等。

研究中利用数值模拟计算得到各地质参数下的油井产液响应曲线,基于所建立的连通性模型对响应曲线进行拟合即可得到各参数取不同值时的时滞系数变化规律,其中综合压缩系数和渗透率对时滞系数的影响规律如图1-3和图1-4所示。

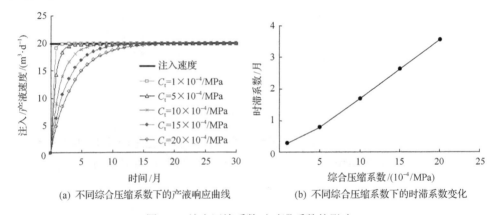

图 1-3 综合压缩系数对时滞系数的影响

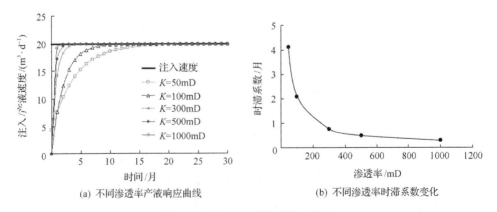

图 1-4 渗透率对时滞系数的影响

在单因素分析的基础上,综合正交设计和多元统计学方法,最终得出时滞系数 τ_{ij} 与地质参数的定量关系:

$$\tau_{ij} = 0.039\left(\frac{\phi L_{ij}^2}{\alpha}\right)^{0.87} \tag{1-40}$$

式中，L_{ij} 为注采井距；ϕ 为孔隙度；α 为导压系数，$\alpha = k_{ij}/\mu C_t$。

由式(1-40)可知，注采井距和孔隙度越大、导压系数越小则注采井的时滞性越大。利用该模型结合前期地质认识即可为后期井间连通性模型中的时滞系数提供较好的初始估计。

(三) 求解方法

式(1-39)中待求解的参数较多，对于每一个生产井，须求解特征参数 λ_{ij}、β_j 及 α_j，注采井较多时求解困难。本书采用拟牛顿算法反演式(1-39)，该算法被认为是解决一般优化问题最有效的方法之一，且其求解为超线性收敛。

设油井的实际产液量数据为 $q_j(n)$，构造如式(1-41)所示优化问题：

$$\min f(\boldsymbol{x}) = \sum_{n=1}^{t}\left[q_j(n) - \hat{q}_j(n)\right]^2, \quad \boldsymbol{x} = (\lambda_{1j}, \lambda_{2j}, \cdots, \lambda_{Ij}, \beta_j, \alpha_j) \tag{1-41}$$

利用拟牛顿法求解该问题的一般迭代格式为

$$\boldsymbol{x}^{(k+1)} = \boldsymbol{x}^{(k)} + \alpha \boldsymbol{d}^{(k)} \tag{1-42}$$

式中，

$$\boldsymbol{d}^{(k)} = -\boldsymbol{B}_k^{-1}\boldsymbol{g}^{(k)} \tag{1-43}$$

$$\boldsymbol{g}^{(k)} = \Delta f(\boldsymbol{x}^{(k)}) \tag{1-44}$$

α 为搜索步长，可采用线性搜索的方法求得；$\boldsymbol{d}^{(k)}$ 为搜索方向；$\boldsymbol{B}_k$ 为拟牛顿修正矩阵，它是 $f[\boldsymbol{x}^{(k)}]$ 的黑塞矩阵或其近似；$\boldsymbol{g}^{(k)}$ 为 $\boldsymbol{x}^{(k)}$ 的梯度。

BFGS 法是目前构造修正矩阵 $\boldsymbol{B}_k$ 最为有效的一类方法。令

$$\boldsymbol{s}^{(k)} = \boldsymbol{x}^{(k+1)} - \boldsymbol{x}^{(k)} \tag{1-45}$$

$$\boldsymbol{y}^{(k)} = \Delta f\left[\boldsymbol{x}^{(k+1)}\right] - \Delta f\left[\boldsymbol{x}^{(k)}\right] \tag{1-46}$$

其修正方式如下：

$$B_{k+1} = B_k - \frac{B_k s^{(k)} s^{(k)\mathrm{T}} B_k}{s^{(k)\mathrm{T}} B_k s^{(k)}} + \frac{y^{(k)} y^{(k)\mathrm{T}}}{y^{(k)\mathrm{T}} s^{(k)}} \quad (1\text{-}47)$$

基于该优化问题的拟牛顿算法的计算步骤为：①取初始点 x^0，初始对称正定矩阵 B_0，精度 $\varepsilon > 0$，令 $k = 0$；②若 $\|\Delta f(x^{(k)})\| \leq \varepsilon$，则求解结束，问题的解为 $x^{(k)}$，否则转步骤③；③解线性方程组 $B_k d^{(k)} + \Delta f[x^{(k)}] = 0$，得解 $d^{(k)}$；④采用 Armijo 型线搜索确定步长 α_k，令

$$x^{(k+1)} = x^{(k)} + \alpha_k d^{(k)} \quad (1\text{-}48)$$

若 $\|\Delta f(x^{(k)})\| \leq \varepsilon$，则得解 $x^{(k+1)}$，否则由 BFGS 修正公式式(1-47)确定 B_{k+1}，令 $k = k + 1$，转步骤③。

上述求解为一般无约束优化问题，求得的解可能出现负值。在实际应用中可加入约束条件 $\lambda_{ij} > 0$ 和 $\beta_j > 0$ 保证反演结果的可靠性，此时可根据罚函数法将约束优化问题转化成无约束问题，再根据上述计算步骤进行求解。

三、算例测试

应用数值模拟软件建立了五注四采概念模型，模型采用五点法井网(图1-5)。该模型油藏为未饱和油藏，油藏中仅模拟油水两相流动，生产井均定压生产。该模型基础方案的主要参数见表1-1。

表 1-1　均质油藏概念模型主要参数

参数	数值
孔隙度/%	15
水平方向渗透率/mD	60
垂向渗透率/mD	6
原油压缩系数/kPa^{-1}	7.5×10^{-8}
原油黏度/(mPa·s)	8.0
岩石压缩系数/kPa^{-1}	1.5×10^{-8}
地层水压缩系数/kPa^{-1}	1.5×10^{-8}
模型维数	$31 \times 31 \times 5$
网格尺寸/m	$30 \times 30 \times 4$

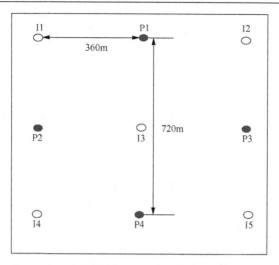

图 1-5 概念模型井位和井距示意图
P1~P4 为生产井；I1~I5 为注水井

对五注四采均质油藏基础方案进行动态连通性反演，得到的各注采井间动态连通系数和时间常数分别见表 1-2 和表 1-3，概念模型的动态连通图和时间常数图如图 1-6 所示。

表 1-2　系统分析方法下的连通系数

注水井	生产井				合计
	P1	P2	P3	P4	
I1	0.33	0.33	0.17	0.17	1.00
I2	0.33	0.17	0.33	0.16	0.99
I3	0.25	0.25	0.25	0.25	1.00
I4	0.17	0.33	0.17	0.33	1.00
I5	0.17	0.17	0.33	0.33	1.00
合计	1.25	1.25	1.25	1.24	

表 1-3　系统分析方法下的时间常数

注水井	生产井				合计
	P1	P2	P3	P4	
I1	0.42	0.43	0.6	0.61	2.06
I2	0.43	0.62	0.44	0.64	2.13
I3	0.48	0.49	0.50	0.46	1.93
I4	0.60	0.41	0.63	0.49	2.13
I5	0.64	0.65	0.44	0.46	2.19
合计	2.57	2.60	2.61	2.66	

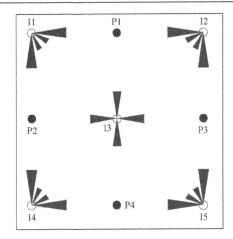 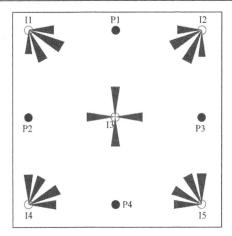

(a) 均质油藏基础方案动态连通图　　　　　　(b) 均质油藏基础方案时间常数图

图 1-6　均质油藏基础方案系统分析方法模型反演的动态连通图和时间常数

P1~P4 为生产井；I1~I5 为注水井；三角形的指向代表响应方位，其长度代表响应系数的大小

从均质油藏基础方案井间动态连通性反演结果来看，基于系统分析方法建立的模型不仅可以得到表征井间动态连通程度的权重系数，还可以得到表征注入信号时滞性和衰减性的时间常数，对于注采井位对称的均质油藏，可以从时间常数图上直观地看到，其时间常数也具有与连通系数相似的对称性。并且注采井距越大，时间常数越大，井间注入信号的衰减性和时滞性越大。

系统分析方法模型反演得到的生产井总产液量曲线如图 1-7 所示。生产井总产液量数值模拟值和动态反演拟合值的决定系数达到了 1.0。

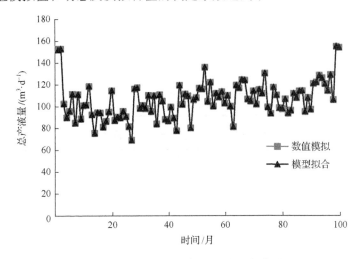

图 1-7　系统分析方法模型反演总产液量

对于基础方案概念模型，多元线性回规模型和系统分析方法模型在反演结果

上基本一致。这是因为概念模型中注入信号的时滞性和衰减性不严重，模型的改进效果没有显现出来。

将均质油藏概念模型的平面渗透率设为 8mD，纵向渗透率设为 0.8mD，其他油藏参数与基础方案相同，应用系统分析方法模型对其井间动态连通性进行反演。多元线性回归模型和系统分析方法模型反演得到的动态连通图如图 1-8 所示，时间常数如表 1-4 和图 1-9 所示。

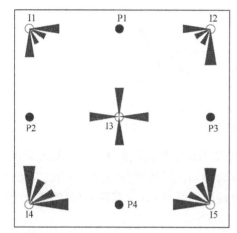
(a) 多元线性回归模型

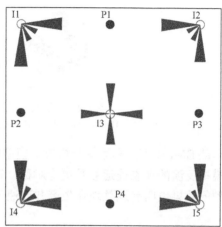
(b) 系统分析方法模型

图 1-8　多元线性回归模型和系统分析方法模型反馈得到的动态连通图对比

P1～P4 为生产井；I1～I5 为注水井；三角形的指向代表响应方位，其长度代表响应系数的大小

表 1-4　均质油藏渗透率较低时系统分析方法下的时间常数

注水井	生产井				合计
	P1	P2	P3	P4	
I1	1.55	1.58	2.10	2.09	7.32
I2	1.56	2.10	1.62	2.10	7.38
I3	1.80	1.80	1.76	1.78	7.14
I4	2.14	1.57	2.10	1.64	7.45
I5	2.16	2.12	1.53	1.50	7.31
合计	9.21	9.17	9.11	9.11	

由动态连通性反演结果知，与基础方案相比，渗透率较低时，注入信号时间常数有明显的增加，这也进一步印证了渗透率对注入信号时滞性和衰减性的影响。对同一油藏，时间常数与动态连通系数存在一定的反比关系，注采井时间常数越大，井间连通性越差。

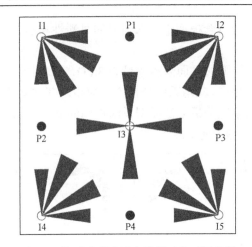

图 1-9 均质油藏渗透率较低时的时间常数
P1~P4 为生产井；I1~I5 为注水井；三角形的指向代表响应方位，其长度代表响应系数的大小

从 BMLR 模型和系统分析方法模型的动态连通性反演结果来看，系统分析方法模型反演的动态连通系数更为对称，符合均质油藏的实际特点。系统分析方法模型的效果更明显地体现在生产井产液量反演曲线（图 1-10 和图 1-11）的拟合效果

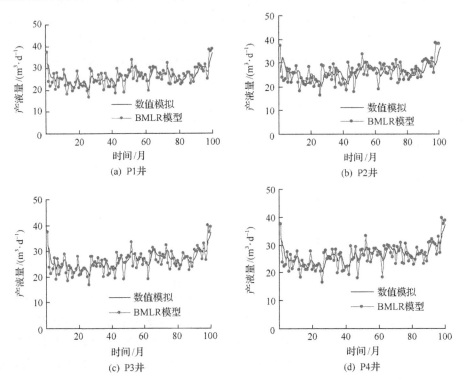

图 1-10 BMLR 模型产液量反演值与数值模拟值对比

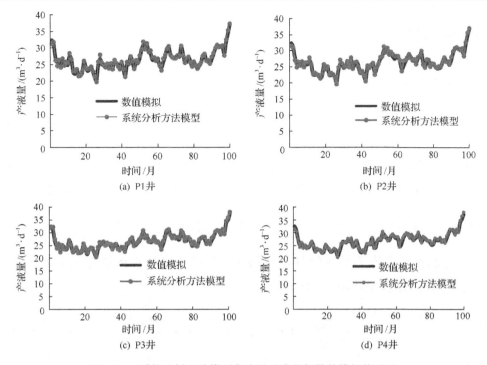

图 1-11　系统分析方法模型产液量反演值与数值模拟值对比

上，BMLR 模型产液量反演曲线虽然与数值模拟产液量反演曲线之间有较大的决定系数(>0.95)，但是该曲线的实际拟合效果并不好。

第二节　考虑关停井情况的油藏连通性模型

国内外学者在井间连通性模型的建立及求解方法(Lee et al.，2010；张明安，2011)上进行了大量研究，但还存在以下问题：①无法考虑关停井情况，只能选择油水井生产相对稳定、连续的一段时间进行反演，难以准确反映生产实际情况；②对模型中主要特征参数如连通系数、时滞系数等缺乏地质认识；③反演方法无法进行整体约束，结果可靠性差，甚至不符合地质意义。

针对上述问题，建立了能够综合考虑压缩性和关停井情况的井间动态连通性模型(shut-in connectivity model，SCM 模型)。结合理论分析和数值模拟技术对该模型特征参数的地质意义进行了研究，并在此基础上运用贝叶斯反问题理论(Oliver，1996；Oliver et al.，2008；Zhao et al.，2011)建立了模型整体约束求解方法，保证了所求解的实际意义，并通过实例计算验证了该方法的可行性。

一、模型建立

设油藏有 i 口注水井和 j 口生产井，在无边底水侵入和正常生产条件下，根据物质平衡方程有

$$C_t V_{ij} \frac{d\bar{P}_{ij}}{dt} = \lambda_{ij} Q_{wi}(t) - Q_{ij}(t) \tag{1-49}$$

式中，C_t 为综合压缩系数；V_{ij}、Q_{ij} 分别为第 i 口注水井和第 j 口生产井间的孔隙体积、产液响应；$\bar{P}_{ij}$ 为油水井间平均地层压力；Q_{wi} 为第 i 口注水井的注入速度；λ_{ij} 为第 i 口注水井向第 j 口生产井注入分配系数（连通系数），且满足 $\sum_{j=1}^{N_j} \lambda_{ij} = 1$。

考虑流体及岩石的压缩性，设第 j 口生产井的产液指数为 J_j，由 $Q_{ij} = J_j(\bar{P}_{ij} - P_{wfj})$ 结合式(1-49)可得

$$\tau_{ij} \frac{dQ_{ij}}{dt} = \lambda_{ij} Q_{wi}(t) - Q_{ij}(t) - \tau_{ij} J_j \frac{dP_{wfj}}{dt} \tag{1-50}$$

式中，$\tau_{ij} = C_t V_{ij} / J_j$，为注采井间时滞系数；$P_{wfj}$ 为第 j 口井的井底流压。油水井正常生产过程中，生产井井底流压的波动要比其产量的波动小得多，因此可忽略式(1-50)中的压力项，此时可得

$$\tau_{ij} \frac{dQ_{ij}}{dt} = \lambda_{ij} Q_{wi}(t) - Q_{ij}(t) \tag{1-51}$$

求解式(1-51)并根据叠加原理，可得第 j 口生产井的产液速度与注水井的注入速度的关系：

$$Q_j(t) = \sum_{i=1}^{N_i} Q_{ij}(t) = \sum_{i=1}^{N_i} Q_{ij}(t_0) e^{\frac{-(t-t_0)}{\tau_{ij}}} + \sum_{i=1}^{N_i} \lambda_{ij} \frac{e^{\frac{t}{\tau_{ij}}}}{\tau_{ij}} \int_{t_0}^{t} e^{\frac{\zeta}{\tau_{ij}}} Q_{wi}(\zeta) d\zeta \tag{1-52}$$

根据实际生产动态以月为单位将式(1-52)进行离散处理，取 1 个月为采样时间间隔，可得

$$Q_j(n) = \gamma_j + \sum_{i=1}^{N_i} \lambda_{ij} \sum_{m=n_0}^{n} \frac{1}{\tau_{ij}} e^{\frac{m-n}{\tau_{ij}}} Q_{wi}(m) \tag{1-53}$$

式中，γ_j 为非平衡初始常数，其满足 $\gamma_j = \sum\limits_{i=1}^{N_i} Q_{ij}(n_0) \mathrm{e}^{\frac{-(n-n_0)}{\tau_{ij}}}$；$n_0$ 为初始采样时间；m、n 为时间序列；$\sum\limits_{m=n_0}^{n} \dfrac{1}{\tau_{ij}} \mathrm{e}^{\frac{m-n}{\tau_{ij}}} Q_{\mathrm{wi}}(m)$ 可看作是对 Q_{wi} 的滤波校正，即在 n 时刻注水井对于生产井的贡献是由前面一系列时刻滞后的注入速度叠加得到，这种滞后性的大小与 τ_{ij} 有关。

当存在关停井时，根据后面对连通性的理论分析，油水井间的连通系数将发生明显变化。利用该式对式(1-53)的连通系数进行校正，得到能够综合考虑压缩性和关停井情况的井间连通性模型：

$$Q_j(n) = \gamma_j + \sum_{i=1}^{N_i} \frac{\lambda_{ij}\delta_j}{\sum\limits_{k=1}^{N_j} \lambda_{ik}\delta_k} \sum_{m=n_0}^{n} \frac{1}{\tau_{ij}} \mathrm{e}^{\frac{m-n}{\tau_{ij}}} Q_{\mathrm{wi}}(m) \tag{1-54}$$

式中，δ_j 为狄利克雷函数(Oliver et al., 2008)，当第 j 口生产井关井时其为 0，正常生产时其为 1。

稳定渗流条件下，根据达西定律 Q_{ij} 可表示为

$$Q_{ij} = \frac{\overline{K}_{ij} \overline{A}_{ij}}{\mu L_{ij}} \left(P_{\mathrm{wfi}} - P_{\mathrm{wfj}} \right) = T_{ij} \Delta P_{\mathrm{wfij}} = \lambda_{ij} Q_{\mathrm{wi}} \tag{1-55}$$

式中，P_{wfi} 和 P_{wfj} 分别为第 i 口注水井与第 j 口生产井的井底流压；$\overline{K}_{ij}$、$\overline{A}_{ij}$、L_{ij}、T_{ij} 和 ΔP_{wfij} 分别为第 i 口注水井与第 j 口生产井之间的平均渗透率、渗流截面积、井距、传导率和注采压差。

以第 i 口注水井为中心，有

$$Q_{\mathrm{wi}} = \sum_{j=1}^{N_j} \lambda_{ij} Q_{\mathrm{wi}} = \sum_{j=1}^{N_j} T_{ij} \Delta P_{\mathrm{wfij}} \tag{1-56}$$

由式(1-55)和式(1-56)可得 λ_{ij} 为

$$\lambda_{ij} = \frac{Q_{ij}}{Q_{\mathrm{wi}}} = \frac{T_{ij} \Delta P_{\mathrm{wfij}}}{\sum\limits_{j=1}^{N_j} T_{ij} \Delta P_{\mathrm{wfij}}} \tag{1-57}$$

正常生产条件下，如果认为生产井产液波动主要由注水井引起且不考虑生产井间的相互干扰作用，可近似认为同一井组内生产井的流压相同，则 λ_{ij} 为

$$\lambda_{ij} = \frac{T_{ij}}{\sum\limits_{j=1}^{N_j} T_{ij}} = \frac{\overline{K}_{ij}\overline{A}_{ij}}{L_{ij}} \bigg/ \sum_{j=1}^{N_j} \frac{\overline{K}_{ij}\overline{A}_{ij}}{L_{ij}} \tag{1-58}$$

可见在忽略生产井干扰的情况下，油水井间连通系数是两者间平均传导率和所在井组总传导率的比值，显然该值仅与地质参数有关，能够反映油藏地质特征。根据式(1-58)，一定程度上可利用已知井点处的静态参数如渗透率、有效厚度、井距等来估算注采井间连通系数初值，便于连通性模型的求解。

考虑关停井情况，设 t 时刻仅有部分生产井生产，其组成的集合为 I_p，不妨设关停井前后注水井注入量维持不变。对于第 i 口注水井，若井组内正常生产井的生产压差为 $\Delta P'_{\text{wf}ij}$，由式(1-56)可得

$$\Delta P'_{\text{wf}ij} = \frac{Q_{\text{w}i}}{\sum\limits_{j \in I_p} T_{ij}} \tag{1-59}$$

根据式(1-56)、式(1-58)，在关停井时刻对于正常生产的生产井，其前后产量比为

$$\frac{Q'_{ij}}{Q_{ij}} = \frac{T_{ij}\Delta P'_{\text{wf}ij}}{T_{ij}\Delta P_{\text{wf}ij}} = \frac{\dfrac{Q_{\text{w}i}}{\sum\limits_{j \in I_p} T_{ij}}}{\dfrac{Q_{\text{w}i}}{\sum\limits_{j=1}^{N_j} T_{ij}}} = \frac{\sum\limits_{j=1}^{N_j} T_{ij}}{\sum\limits_{j \in I_p} T_{ij}} = \frac{1}{\sum\limits_{j \in I_p} \lambda_{ij}} \tag{1-60}$$

此时，正常生产的生产井与注水井间的连通系数为

$$\lambda'_{ij} = \frac{Q'_{ij}}{Q_{\text{w}i}} = \frac{1}{\sum\limits_{j \in I_p} \lambda_{ij}} \frac{Q_{ij}}{Q_{\text{w}i}} = \frac{\lambda_{ij}}{\sum\limits_{j \in I_p} \lambda_{ij}} \tag{1-61}$$

而关停的生产井与注水井间的连通系数则为 0，为此这里引入狄利克雷函数 δ_j：

$$\delta_j = \begin{cases} 1 & j \in I_p \\ 0 & j \notin I_p \end{cases} \tag{1-62}$$

则 t 时刻任意油水井间的连通系数可表示为

$$\lambda'_{ij} = \frac{\lambda_{ij}\delta_j}{\sum_{k=1}^{N_j}\lambda_{ik}\delta_k} \tag{1-63}$$

二、模型的求解反演方法

(一) 求解方法

现有的连通性模型求解方法，主要是利用最优化算法通过拟合各生产井的实际产液数据来反演模型的特征参数。在这些模型中（如 MLR 模型和电容模型），其任意油水井间的特征参数（如连通系数）与其他生产井无关，因此可以方便的以单井为中心顺序求解。其劣势在于反演结果仅满足数学意义上的解，难以对特征参数施加整体约束，可能会出现连通系数为负、某注水井与其他生产井的连通系数之和大于 1 等情况，导致连通系数等失去地质意义；而且由于这些模型无法考虑关停井情况，往往选择油水井均能正常生产的开发阶段进行反演，使产液数据信息变少，难以保证计算结果的可靠性。

井间连通性模型连通系数的表征时，生产井连通系数信息需要将所有生产井产液数据进行整体同步拟合，再结合约束优化方法（袁亚湘和孙文瑜，1999）即可实现整体约束求解，降低解的不确定性。同时，由于该方法能够反映关停井情况，可以选择尽可能长的甚至整个生产阶段的产液数据来进行拟合，以准确反映油水井的连通信息。

连通性模型求解属于典型的反问题，这里采用反问题求解中经典的贝叶斯理论来建立待优化目标函数，其表达式为

$$O(x) = \frac{1}{2}(x-x_{\text{pr}})^{\text{T}} C_X^{-1} (x-x_{\text{pr}}) + \frac{1}{2}[d_{\text{obs}}-g(x)]^{\text{T}} C_D^{-1} [d_{\text{obs}}-g(x)] \tag{1-64}$$

式中，x 为由连通系数、时滞系数及非平衡初始常数等组成的 N_x 维向量；C_X 为 x 的协方差矩阵；x_{pr} 为先验参数估计；d_{obs} 为 N_d 维观测数据向量，其元素为实际生产井产液数据；C_D 为测量误差协方差矩阵；$g(x)$ 为 N_d 维计算数据向量，其元素为利用连通性模型计算的各时刻生产井产液数据。

求解时，由于 x 的不确定性较强，且 C_X 不易计算，因此可忽略第一项。此外，还需对模型参数进行一定约束，包括等式约束和边界约束。对于等式约束要求以注水井为中心，其与各生产井连通系数之和等于 1，如式（1-68）所示；边界约束要

求连通系数和时滞系数均不小于 0，如式 (1-67) 所示。因此，其求解可转化成如下最优化问题：

$$\min O(x) = \frac{1}{2}[\boldsymbol{d}_{\text{obs}} - \boldsymbol{g}(x)]^{\text{T}} \boldsymbol{C}_D^{-1} [\boldsymbol{d}_{\text{obs}} - \boldsymbol{g}(x)] \tag{1-65}$$

约束条件为

$$\sum_{j=1}^{N_x} a_{ij} x_j - 1 = 0 \quad i = 1, 2, \cdots, N_i \tag{1-66}$$

$$x_j \geqslant 0 \quad j = 1, 2, \cdots, N_x \tag{1-67}$$

优化该问题的难点是如何计算目标函数的梯度 $\nabla O(x)$，其表达式为

$$\nabla O(x) = \boldsymbol{G}^{\text{T}} \boldsymbol{C}_D^{-1} [\boldsymbol{g}(x) - \boldsymbol{d}_{\text{obs}}] \tag{1-68}$$

式中，$\boldsymbol{G}$ 为向量 $\boldsymbol{g}(x)$ 对模型参数 x 的敏感系数矩阵，其第 k 行、第 l 元素 $G_{k,l}$ 为第 k 个产液数据计算值 g_k 对 x_l 的偏导数。如果 g_k 对应于第 j 口生产井 n 时刻的产液计算值 $Q_j(n)$，而 x_l 和 $x_{l'}$ 分别为第 j 口生产井和第 i 注口水井间的连通系数 λ_{ij} 和时滞系数 β_{ij}，则 $G_{k,l}$ 和 $G_{k,l'}$ 的计算公式如下：

$$G_{k,l} = \frac{\partial g_k}{\partial x_l} = \frac{\partial Q_j(n)}{\partial \lambda_{ij}} = \frac{\delta_j}{\sum_{k=1}^{N_j} \delta_k \lambda_{ik}} \left(1 - \frac{\lambda_{ij}\delta_j}{\sum_{k=1}^{N_j} \delta_k \lambda_{ik}}\right) \sum_{m=n_0}^{m=n} \frac{Q_{\text{wi}}(m)}{\tau_{ij}} e^{\frac{m-n}{\tau_{ij}}} \tag{1-69}$$

$$G_{k,l'} = \frac{\partial g_k}{\partial x_{l'}} = \frac{\partial Q_j(n)}{\partial \tau_{ij}} = \frac{\delta_j \lambda_{ij}}{\sum_{k=1}^{N_j} \delta_k \lambda_{ik}} \sum_{m=1}^{m=n} e^{\frac{m-n}{\tau_{ij}}} \frac{Q_{\text{wi}}(m)}{\tau_{ij}^2} \left[\frac{n-m}{\tau_{ij}} - 1\right] \tag{1-70}$$

利用式 (1-68) 获取梯度 $\nabla O(x)$ 后，结合传统的投影梯度法（袁亚湘和孙文瑜，1999）即可实现对目标函数 $O(x)$ 的约束求解，其迭代公式如式 (1-71) 所示：

$$x^{r+1} = x^r - \alpha \left[I - \boldsymbol{A}(\boldsymbol{A}^{\text{T}}\boldsymbol{A})^{-1}\boldsymbol{A}^{\text{T}}\right] \nabla O(x^r) \tag{1-71}$$

式中，r 为迭代步数；r 为单位矩阵；A 为等式约束条件系数矩阵，其元素为式(1-66)中的 a_{ij}；α 为搜索步长。

进行连通性迭代优化计算时，初始模型参数估计对反演结果准确性和计算效率至关重要。根据初始地质认识进行初始模型参数估算的具体过程为：首先，给定综合压缩系数、原油黏度、孔隙度及井点处渗透率、有效厚度、井位坐标等；其次，取井点处渗透率、有效厚度平均值作为注采井间平均渗透率 $\overline{K}_{ij}$ 和平均有效厚度 $\overline{H}_{ij}$，根据井位坐标计算注采井距 L_{ij}；最后，不妨设注采井间渗流截面积 $\overline{A}_{ij}$ 和 $\overline{H}_{ij}$ 成正比，则将式(1-58)中的 $\overline{A}_{ij}$ 替换为 $\overline{H}_{ij}$ 即可计算得到连通系数初值，而对于时滞系数初值，则可由式(1-64)计算确定。

(二) 计算步骤

(1) 给定实际产液数据 d_{obs}、协方差矩阵 C_D 及初始模型参数 x^0，令 $r = 0$。

(2) 由连通性模型计算生产井各时刻的产液数据，得到对应的 $g(x^r)$，计算目标函数 $O(x^r)$；

(3) 由式(1-69)和式(1-70)计算敏感系数矩阵 G^r，并由式(1-68)求得目标函数的梯度 $\nabla O(x^r)$；

(4) 将目标函数的梯度 $\nabla O(x^r)$ 代入式(1-71)利用投影梯度法进行计算；

(5) 如果 $O(x^{r+1}) < O(x^r)$，则获得当前最优解 x^{r+1}，并转入步骤(6)；否则，将迭代步长 α 减半，返回步骤(4)重新进行投影计算；

(6) 当满足以下收敛条件时，优化过程结束并输出反演的最优解：

$$\left| O(x^{r+1}) - O(x^r) \right| / O(x^r) \leqslant 0.0001 \qquad (1\text{-}72)$$

否则，令 $r = r + 1$，返回步骤(2)继续迭代优化。

三、算例测试

借助数值模拟技术，选取赵辉等(2010)的算例进行验证，模拟五点井网注水开发，注水井注入量恒定、生产井定流压生产。对部分生产井实施关停井控制，注水井注入动态与原算例一致。图1-12和图1-13为部分生产井基于考虑关停井模型和电容模型的产液数据拟合结果，表1-5给出了两种模型连通系数反演结果，并绘制了相应的井间动态连通图(图1-8)，图中箭头大小与连通系数值相对应。

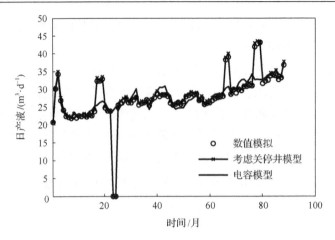

图 1-12　P1 井产液数据拟合结果图

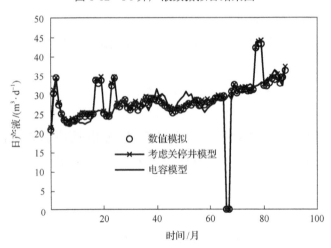

图 1-13　P4 井产液数据拟合结果图

表 1-5　连通系数反演结果对比

生产井	考虑关停井模型					电容模型				
	I1	I2	I3	I4	I5	I1	I2	I3	I4	I5
P1	0.328	0.331	0.246	0.176	0.169	0.288	0.354	0.289	0.185	0.103
P2	0.325	0.174	0.250	0.330	0.170	0.318	0.201	0.32	0.276	0.206
P3	0.173	0.328	0.255	0.165	0.330	0.201	0.319	0.192	0.19	0.375
P4	0.174	0.167	0.249	0.329	0.331	0.211	0.2	0.229	0.312	0.309
合计	1.000	1.000	1.000	1.000	1.000	1.018	1.074	1.030	0.963	0.993

注：P1～P4 为生产井；I1～I5 为注水井。

从表 1-5 计算结果和图 1-14 看，I1 井与 P1 井、P2 井之间的连通系数 0.328、0.325 均大于 I1 井与 P3 井、P4 井之间的连通系数 0.173、0.175，而 P1 井、P2 井相距 I1 井较近，P3 井、P4 井相距 I1 井较远，即注采井距越小，相应的连通系数越大。其他结果类似。

另外可以看出，考虑关停井模型相比电容模型的拟合效果更好，能够有效地考虑关停井的影响，从得到的连通性结果来看，注采井距越小，相应的连通系数越大，连通程度越好，反映了均质油藏的特征；电容模型整体拟合趋势尚可，但在关停井时刻不能对实际产液数据进行有效拟合，所得连通性结果也与实际地质认识差异较大。另外，除了较好的拟合精度外，考虑关停井模型所得注水井与其他生产井的连通系数之和保证恒为 1，进一步验证了连通性模型求解方法的有效性。

第三节 基于水电相似性的油藏连通性模型

基于水电相似性建立了油藏井间动态连通性反演模型，与其他连通性模型相比，该模型不但可以考虑水体侵入的影响，还可以通过油水井累积注采指标进行井间连通性的反演，在一定程度上便于处理油田实际生产过程中关停井或措施改变等情况。

一、模型的建立

将注水井、生产井及井间介质看成一个完整的系统，由于油藏渗流与电流流动的相似特征，根据信号分析思想和电模拟一般原理（葛家理，1998），油藏注采系统类似如图 1-14 所示的等效电路图。考虑以生产井 j 为对象（图 1-15），其与 I 口注水井相连通，在稳定流动条件下设注水井 i 对生产井 j 产液信号的贡献权重为 λ_{ij}，则所有注水井对生产井 j 产液的激励为 $\sum_{i=1}^{I} \lambda_{ij} i_i(t)$，其相当于输入电流 I_{in}；考

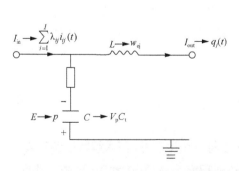

图 1-14 注采系统等效电路图

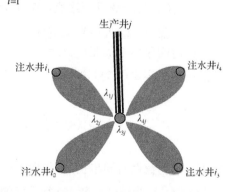

图 1-15 连通关系示意图

虑岩石及流体的压缩性，$V_p C_t$ 相当于电容 C，其弹性储存能力对注入信号产生耗散性；L 为电感，其对输出电流产生附加影响，对应于油藏流体的侵入或者流出 w_{ej}；系统的响应电流 I_{out}，对应生产井的产液量 $q_j(t)$。

为便于研究，简化模型，暂不考虑流体侵入或流出随时间的变化，取 w_{ej} 为研究时间域内流体影响的平均值，由一阶振荡电路可得如式(1-73)所示方程：

$$C_t V_p \frac{dP}{dt} + q_j(t) - w_{ej} = \sum_{i=1}^{i=I} \lambda_{ij} i_i(t) \tag{1-73}$$

式中，V_p 为泄油孔隙体积，m^3；P 为油藏平均压力，MPa；$q_j(t)$ 为生产井 j 的产液量，$m^3 \cdot d^{-1}$；$i_i(t)$ 为注水井 i 的注入量，$m^3 \cdot d^{-1}$；t 为生产时刻，月。

将产液指数模型 $q_j(t) = J(P - P_{wf})$ 代入式(1-73)可得

$$\tau_j \frac{dq_j}{dt} + q_j(t) - w_{ej} = \sum_{i=1}^{i=I} \lambda_{ij} i_i(t) - \tau_j J \frac{dP_{wf}}{dt} \tag{1-74}$$

式中，J 为产液指数，$m^3 \cdot MPa^{-1} \cdot d^{-1}$；$\tau_j$ 为时滞常数，表征注采井间信号的耗散程度，$\tau_j = \frac{C_t V_p}{J}$；$P_{wf}$ 为生产井井底流压，MPa。求解式(1-74)可得

$$\begin{aligned} q_j(t) = & q_j(t_0) e^{\frac{-(t-t_0)}{\tau_j}} + \frac{e^{-t/\tau_j}}{\tau_j} \int_{\xi=t_0}^{\xi=t} e^{\xi/\tau_j} \left[\sum_{i=1}^{i=I} \lambda_{ij} i_i(\xi) + w_{ej} \right] d\xi \\ & + J \left[P_{wf}(t_0) e^{\frac{-(t-t_0)}{\tau_j}} - P_{wf}(t) + \frac{e^{-t/\tau_j}}{\tau} \int_{\xi=t_0}^{\xi=t} e^{\xi/\tau_j} P_{wf}(\xi) d\xi \right] \end{aligned} \tag{1-75}$$

式中，$q_j(t_0)$ 为产液量初始值。式(1-75)包含三个部分，第一部分为开始产液的影响；第二部分为注入信号和流体侵入的影响；第三部分则为压井底压力的影响。在分析时间段内，如果生产井井底流压 P_{wf} 为常数或变化不大，且不考虑开始产液的影响，将式(1-75)离散化可简化为

$$q_j(n) = \sum_{i=1}^{I} \lambda_{ij} \sum_{m=n_0}^{n} \frac{\Delta n}{\tau_j} e^{\frac{m-n}{\tau_j}} \left[i_i(m) + w'_{ej} \right] \tag{1-76}$$

式中，Δn 为离散时间步长，一般取 1 个月。对于每一个生产井，需求解特征参数 λ_{ij}、τ_j 及 w'_{ej}，λ_{ij} 为连通系数，表征井间的动态连通程度；w'_{ej} 为流体侵入或流出速度，

其满足 $\sum_{i=1}^{I} \lambda_{ij} w'_{ej} = w_{ej}$，$m^3 \cdot d^{-1}$。

Yousef 等(2006)建立了能有效表征井间连通性和耗散性的压缩模型(capacitance model，简称 CM 模型)：

$$q_j(n) = \sum_{i=1}^{I} \lambda_{ij} \sum_{m=n_0}^{n} \frac{\Delta n}{\tau_{ij}} e^{\frac{m-n}{\tau_{ij}}} i_{ij}(m) \tag{1-77}$$

该模型与本书所建模型(1-76)相比，不考虑流体侵入或流出的影响，且求解的时滞系数较多。考虑有 I 口注水井，对每口生产井 j，前者需要求解时滞系数 τ_{ij} 共计 I 个，而后者只需求解一个，在注采井较多的大规模问题时，本书所建模型(1-76)更易于求解。

另外，假设在生产井定压生产的情况下，将式(1-74)两边从无水采油期结束到目前时刻定积分，可得

$$\tau_j \frac{dL_{pj}}{dt} + L_{pj}(t) + C = \sum_{i=1}^{I} \lambda_{ij} W_i(t) + W_{ej} \tag{1-78}$$

式中，L_{pj} 为生产井 j 累积产液量，m^3；W_i 为注水井 i 累积注入量，m^3；W_{ej} 为流体侵入或流出总量，m^3；常数 C 反映无水产液量的影响。求解该式可得到累积产液量和累积注入量的关系：

$$L_{pj}(t) = C + \frac{e^{-t/\tau_j}}{\tau_j} \int_{\xi=t_0}^{\xi=t} e^{\frac{\xi}{\tau_j}} \left[\sum_{i=1}^{i=I} \lambda_{ij} W_i(\xi) + W_{ej} \right] d\xi \tag{1-79}$$

同样对式(1-79)进行离散，模型可简化为

$$L_{pj}(n) = C + \sum_{i=1}^{I} \lambda_{ij} \sum_{m=n_0}^{n} \frac{\Delta n}{\tau_j} e^{\frac{m-n}{\tau_j}} \left[W_i(m) + W'_{ej} \right] \tag{1-80}$$

式中，C 和 W'_{ej} 为待求常数，其分别与无水产液量和流体的影响有关。油田生产过程中，由措施改变或关井的影响造成油水井生产动态数据变化波动较大，此时可应用模型(1-80)进行井间动态连通性反演。

二、模型参数的求解

设 $\hat{q}_{j(n)}$ 为生产井 j 在 n 时刻的产液数据，t 为反演的总时间，生产井 j 对应的

模型反演参数为 x_j, $x_j = [\lambda_{1j}, \lambda_{2j}, \cdots, \lambda_{Ij}, \tau_j, W'_{ej}]'$ 为一向量,则模型(1-76)中各参数求解可归结为如下优化问题:

$$\min f(x_j) = \sum_{n=1}^{t} \left\{ \hat{q}_{j(n)} - \sum_{i=1}^{i=I} \lambda_{ij} \sum_{m=n_0}^{m=n} \frac{\Delta n}{\tau_j} e^{\frac{m-n}{\tau_j}} \left[i_i(m) + W'_{ej} \right] \right\}^2 \quad (1-81)$$

拟牛顿算法(陈忠和费浦生,2003)是求解无约束优化问题的最有效方法之一,其求解的一般迭代格式为

$$x_j^{k+1} = x_j^k - \mu^k H^k g^k \quad (1-82)$$

式中,k 为迭代次数;μ^k 为计算步长,可采用 Armijo 型线搜索(袁亚湘和孙文瑜,1999)求得;g^k 为目标函数 $f(x_j)$ 的梯度;H^k 为 $f(x_j)$ 的 Hessian 矩阵的拟或其近似矩阵的拟。

BFGS 法和 DFP 法是目前构造修正矩阵 H^k 最为有效的两类方法。通常为保证反演结果的可靠性需要加入约束条件 $\lambda_{ij} \geq 0$ 和 $\tau_j \geq 0$,实际应用中可通过增广拉格朗日乘子法(唐焕文和秦学志,2004)将约束优化转化成无约束优化问题,再基于拟牛顿算法求解。

三、典型油藏井间动态连通性反演

应用所建模型,借助油藏数值模拟技术对一些典型油藏概念模型进行了井间动态连通性反演。所建模型平均有效厚度 4m,网格长度 15m,共划分 55×55×1=3025 个网格。采用五点法井网(五注四采),生产井均定压生产,油层上边界有边水侵入。五口注水井(I1,I2,I3,I4,I5)月动态数据如图 1-16 所示。

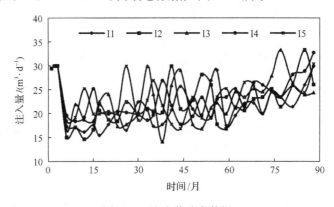

图 1-16 注水井动态数据

(一) 均质油藏

均质油藏各向渗透率为 500mD。通过数值模拟计算得到各生产井的产液数据。应用基于水电相似性建立的油藏连通性模型及求解方法对该模型进行了井间动态连通性反演，各特征参数值见表 1-6，经统计分析，各生产井产液数据拟合值与数值模拟值相关系数均大于 0.99。同时将本书模型和 Yousef 等(2006)的 CM 模型进行了对比。图 1-17 和图 1-18 分别显示了两种模型对生产井 P1 的产液数据计算结果，可以看出，本书模型能够考虑流体侵入的影响，反演的结果比 CM 模型更加准确，表 1-6 中结果显示，边水位于油藏上部边界，其距离生产井 P1 较近，因此反演得到的 w'_{ej} 最大，符合油藏真实情况。

表 1-6 均质油藏各响应参数及反演结果

注水井及其他参数	生产井			
	P1 (j=1)	P2 (j=2)	P3 (j=3)	P4 (j=4)
I1	0.324	0.331	0.167	0.171
I2	0.326	0.168	0.332	0.169
I3	0.248	0.251	0.256	0.247
I4	0.169	0.334	0.168	0.334
I5	0.168	0.169	0.331	0.338
时滞系数	0.512	0.521	0.522	0.516
侵入速度	11.66	6.62	6.68	4.55

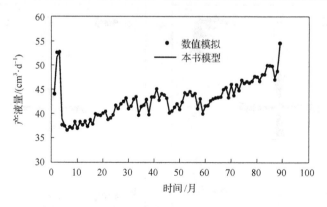

图 1-17 P1 井应用本书模型计算产液数据结果

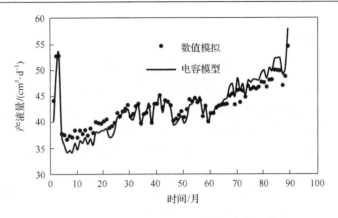

图 1-18　P1 井应用电容模型计算产液数据结果

为了直观的表征注采井间连通程度，根据表 1-6 数据绘制了油水井间动态连通图（图 1-19(a)），图中箭头由生产井指向注水井，其大小与 λ_{ij} 值相对应。可以看出注采井距越小，相应的连通系数越大，连通程度越好，计算结果能够反映油藏的真实特征。

(二) 各向异性油藏

各向异性油藏设平面横向渗透率与纵向渗透率比值为 15，应用基于水电相似建立的油藏连通性模型及求解方法反演得到的井间动态连通图，如图 1-19(b) 所示，可以看出，注水井和生产井在横向上的连通性远好于纵向上的连通性，与设定的各向异性油藏模型实际连通情况相符。

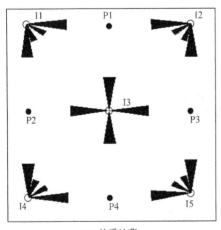
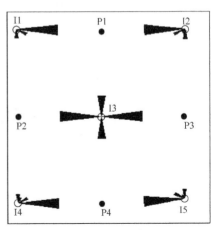

(a) 均质油藏　　　　　　　　　　　(b) 各向异性油藏

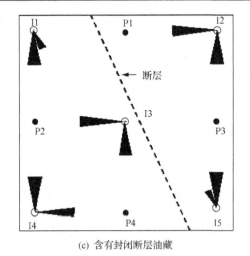
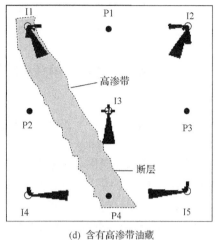

(c) 含有封闭断层油藏   (d) 含有高渗带油藏

图 1-19 典型油藏井间动态连通图

P1～P4 为生产井；I1～I5 为注水井；三角形的指向代表响应方位，其长度代表响应系数的大小

(三) 含有封闭断层油藏

油藏中含有封闭断层时，会对注采关系产生较大的影响。从反演结果（图 1-19(c)）来看，位于封闭断层两侧的油水井不具有连通性，与油藏实际地质特征相符。同时表明油水井间动态连通程度与本身地质特征有关，而与生产数据的变化无关。

(四) 含有高渗带油藏

油藏模型中设置高渗带的渗透率为其他部位渗透率的 10 倍，经计算得到油藏井间动态连通图，如图 1-19(d) 所示，从图中可知，各注水井与生产井 P4 间的连通性普遍较大，即高渗带内的油井与其他注水井间连通性相对更好，同时还可以根据反演结果大致确定高渗带的分布。

本 章 小 结

井间连通性研究是油藏动态分析的重点工作，主要研究优势通道分布，这对于优化注采方案、制定注水调剖等措施方案具有指导意义。本章介绍了几类利用注采动态数据定性、定量判断油水井间连通性的连通性模型方法，包括多元线性回归模型、基于系统分析方法的连通性模型、考虑关停井的连通性模型、基于水电相似性的连通性模型，利用概念油藏算例对建立的连通性模型分别进行了验证，得到了较好的结果，验证了方法的正确性。

第二章 油藏井间连通性软件开发

第一节 油藏井间连通性软件功能简介

油藏井间动态连通性分析系统开发环境为 Visual Basic 6.0，使用环境为 Windows 98/2000/XP，其主要用于油藏井间动态连通性的反演，并基于反演结果调整和优化油田开发动态。软件综合考虑油藏地质条件、注采数据的时滞性及流体性质，基于多元线性回归(MLR)模型和考虑压缩性的平衡(BCM)模型等和自适应遗传算法对油藏井间动态连通性进行反演，同时对注采信号进行滤波处理，运算输出井间动态连通图，有效地表征注采井间连通性大小。

油藏井间动态连通性分析系统主要由五部分组成：项目管理、数据输入、模型求解、结果输出和软件帮助。数据输入是软件计算分析的基础，是模拟求解必要的数据来源；而结果输出则是模拟求解结果的形象表达，三部分之间数据互相依赖，运行时一般应遵循其逻辑顺序，但它们又能保持相对独立。软件具有如下功能特点。

(1)全新的、统一的、简单易学的 Windows 窗口友好操作界面；

(2)数据准备和输入置于表格或图形方式下实现，自动生成运算数据文件，整个过程快捷直观；

(3)数据操作功能灵活方便，完全实现软件数据同 Office 办公软件接口；

(4)井位坐标实现自动数值离散化，支持放大、缩小、保存等功能；

(5)软件运算结果图表数据可方便进行保存、输出至 Excel 软件；

(6)充分利用现有的显示器、打印机或屏幕拷贝机等外部设备，输出形象精美的报告图表，并能对打印功能进行各种设置。

一、数据输入

数据输入主要包括参数设置、生产动态、井位坐标三个部分。

(1)参数设置主要分为模型选择、地层参数、井数和其他考虑 4 个部分，其中地层参数部分只有在 MLR 模型的扩散滤波处理选中的情况下可用；模型选择分为 MLR 模型、BCM 模型和压力模型；地层参数主要有油层渗透率(mD)、原油黏度(mPa·s)和岩石压缩系数(MPa^{-1})；井数包括生产井井数和注水井井数；其他考虑包括 MLR 模型的扩散滤波处理和 BCM 模型的考虑油井压力。

(2)生产动态主要是输入生产井、注水井的生产动态数据和生产井的井底压力数据，用户输入数据后软件将自动显示所选井的生产动态数据及对应曲线。用户可通过复制、粘贴表格的方式直接从 Excel 中导入数据，可以插入行、删除行、修改井名、清楚单元格内容及全部清除，同时支持数据的导出及保存。

(3)井位坐标主要是对计算区块的井位进行离散，通过导入矿场井位图，设定井位坐标系，实现井位坐标的数值离散，为后面连通图的绘制提供数据准备，同时支持曲线的绘制(如断层线、单元边界线等)，以及放大、缩小等操作。

二、模型求解

模拟求解是软件的核心部分，由数据输入部分自动生成计算所需的数据输入文件。利用所建立的油藏井间动态连通性反演方法和自适应遗传算法进行计算，最终得到注采井间动态连通系数及时滞耗散系数，其特点如下所述。

(1)可以对群体规模、进化代数、初始取值、交叉概率进行优化算法设置，以达到最优的计算结果。

(2)软件实时计算显示每一口井的求解过程、图形显示，界面直观。

(3)用户可以通过"查看文件"对所建成的数据文件进行临时查看和修改，修改后可继续进行计算。

三、结果输出

软件以树形方式显示图表，通过各种操作功能可以输出规范化数据表和反映井间动态连通性和信号时滞耗散性的图件，主要内容如下所述。

(1)生产数据预测结果图，显示生产井的实际产液量与预测产液量的对比曲线，通过图形数据可以查看具体数值。

(2)F-C 曲线图，显示各生产井的非均质性。

(3)动态连通图，显示注采井间相对动态连通性大小。

(4)时滞耗散图，显示注采井间信号的时滞性和衰减性大小。

软件为数据表和图形提供了保存、打印功能，用户可以方便地将数据表中数据输出保存到 Excel 数据文件中，并可以通过各种打印设置进行打印。

第二节 油藏井间连通性软件使用流程

一、软件安装、运行与退出

插入安装盘，双击安装文件"setup.exe"，将出现如图 2-1 所示的安装欢迎界面；单击"下一步"按钮，出现如图 2-2 所示的安装注册信息界面；选中"我同意……"选项，单击"下一步"按钮，出现如图 2-3 所示的安装用户信息界面；输入用户名和用户单位，单击"下一步"按钮出现如图 2-4 所示的安装路径设置界面图,输入正确的安装路径,开始安装;安装完毕后,会在系统的"开始"菜单中添加本软件的运行菜单。

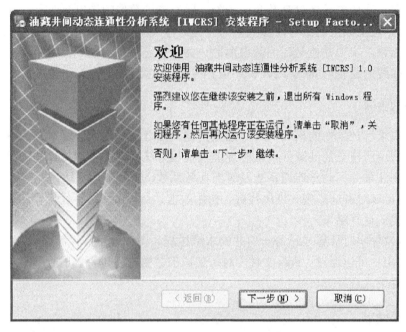

图 2-1 软件安装欢迎界面

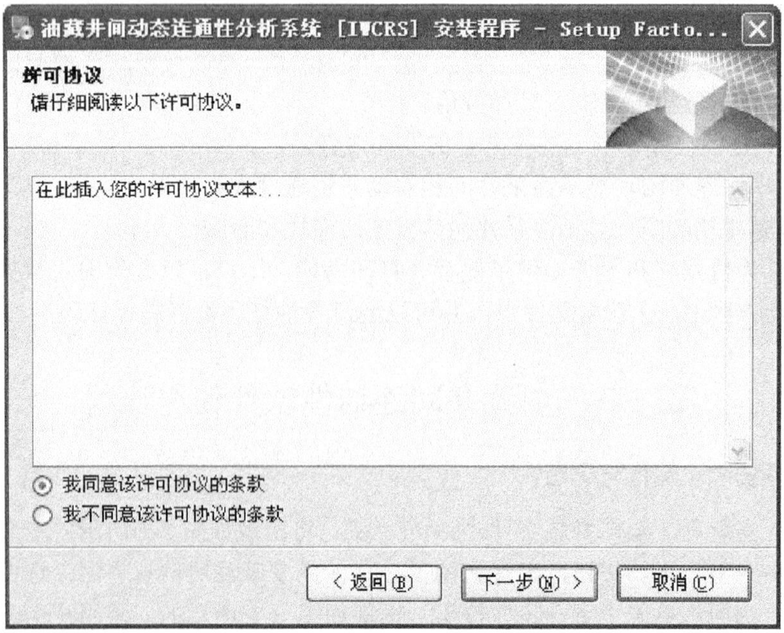

图 2-2 软件安装注册信息界面

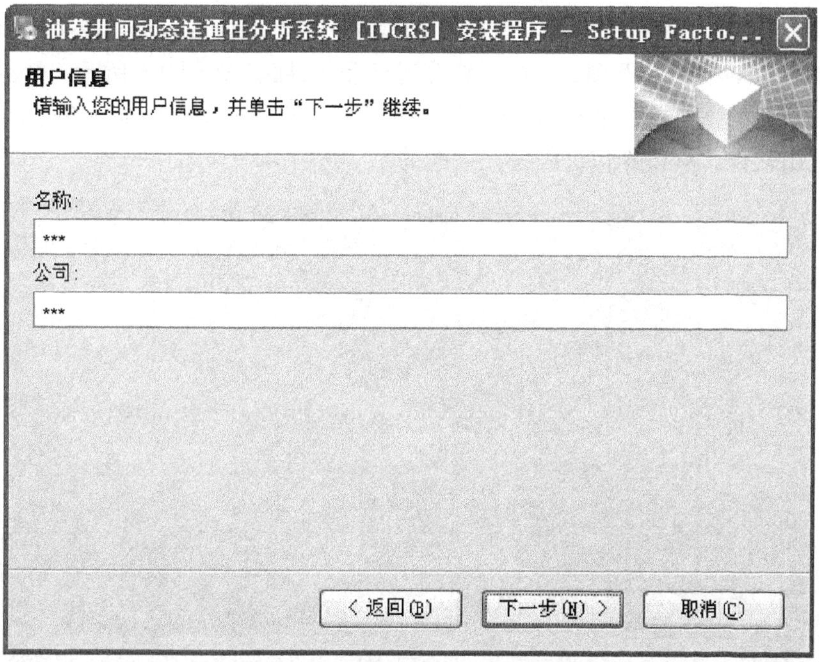

图 2-3　软件安装用户信息界面

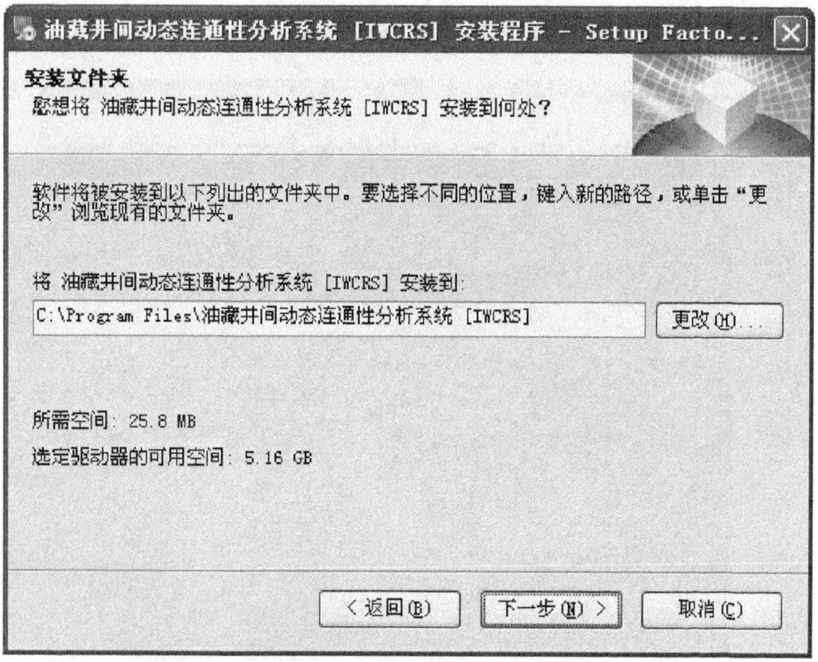

图 2-4　软件安装路径设置界面

安装成功后，单击"开始→程序→油藏井间动态连通性分析系统-IWCRS"或双击桌面"IWCRS"图标，进入软件运行登入界面，如图 2-5 所示。单击 即可进入软件的主菜单，如图 2-6 所示。在主菜单中选择"退出"项或单击图标×，则可退出软件。具体操作过程将在后面的章节进行详细介绍。

图 2-5 软件运行登入界面

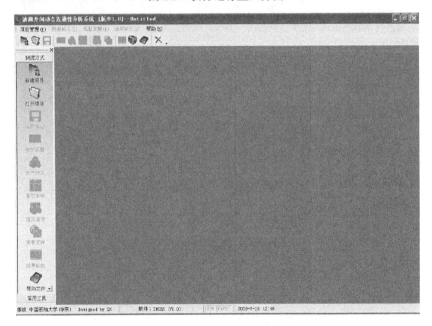

图 2-6 软件主界面

二、项目管理

项目管理菜单主要包括新建项目、打开项目、保存项目和退出四部分。

(一) 新建项目

在油藏井间动态连通性分析系统(V1.0)主菜单中,选择"项目管理"项,在屏幕上出现如图 2-7 所示界面。然后单击"新建项目"选项,或者单击窗口图标 ,此时"数据输入"菜单项激活,"数据输入"下拉菜单中的"参数设置"项或者快捷方式中的 变得可用(图 2-8),以便进行下一步的数据输入。

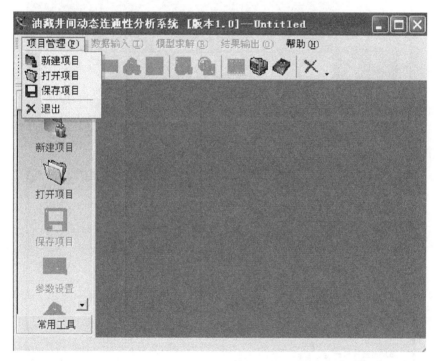

图 2-7　项目管理界面

(二) 打开项目

在主菜单中选择"项目管理→打开项目"或者单击窗口图标 ,可以打开项目,出现如图 2-9 所示界面。

图 2-8 参数设置界面

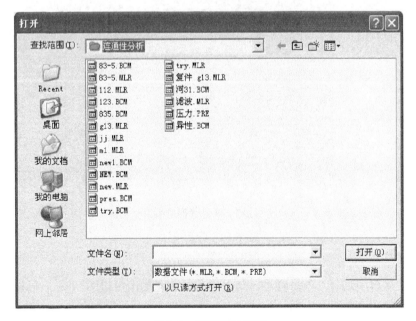

图 2-9 打开项目界面

此时可以从窗口中选择*.MLR、*.BCM 和*.PRE 文件，然后打开，这样文件中的数据就可导入软件中。此时可以看到，窗体中的图标已全被激活。

窗体各图标定义如下所述：

(1) ——新建项目；

(2) ——打开项目；

(3) ——保存项目；

(4) ——参数设置；

(5) ——生产动态；

(6) ——井位坐标；

(7) ——提交运行；

(8) ——查看文件；

(9) ——结果输出；

(10) ——帮助文件；

(11) ——退出系统。

(三) 保存项目

在主菜单中选择"项目管理→保存项目"或者单击图标，输入文件名，单击"保存"按钮，即可将文件保存，如图 2-10 所示。

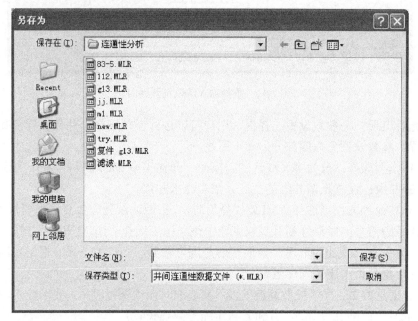

图 2-10 项目保存界面

三、数据输入

(一)参数设置

新建项目后,选择"数据输入"项中的"参数设置"选项或者单击窗体图标，出现如图 2-11 所示界面。

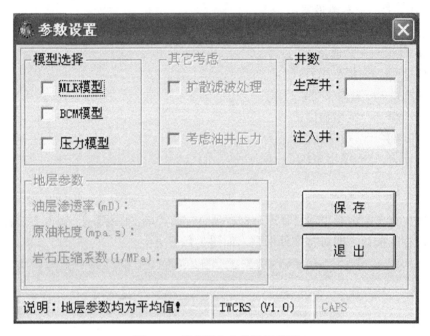

图 2-11 数据输入参数设置界面

此时出现一个参数设置选择框,用户可以进行模型选择、井数设置及其他参数设置。参数设置分为四部分,如下所述。

(1)模型选择:分为多元线性回归模型、弹性模型(BCM 模型)和压力模型。

(2)井数:设置反演井组的生产井数和注水井数。

(3)其他考虑:当选择"MLR 模型"时,"扩散滤波处理"复选框变得可用,如果要考虑信号的时滞性和衰减性则选中该项;当选择"BCM 模型"时,"考虑油井压力"复选框变得可用,如果有油井压力数据,则选中该项。根据不同井组的情况决定是否考虑本项参数。

(4)地层参数:当"扩散滤波处理"被选中时该项变得可用,要求输入油层渗透率(mD)、原油黏度(mPa·s)和岩石压缩系数(MPa^{-1})。

以上基本参数设置完毕,单击"保存"按钮进行保存,最后退出。

(二)生产动态

选择"数据输入"项中的"生产动态"选项或者单击窗体图标 ,出现如图 2-12 所示界面。用户可以直接从 Excel 中复制数据,粘贴到图 2-12 右边数据表格中,方便用户进行数据输入。

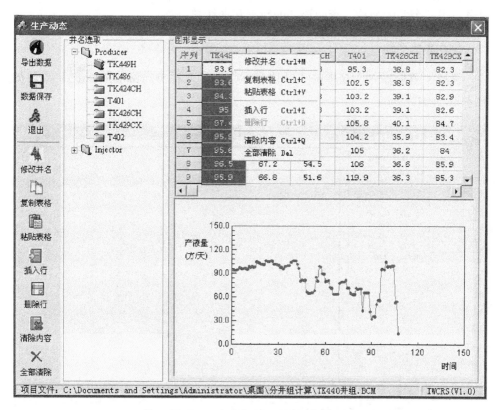

图 2-12 生产动态数据输入界面

此时出现生产动态界面,用户可以对已经模拟的数据进行管理和编辑,并最终保存。对模型的操作分为以下十个部分。

(1) 导出数据——将各个井的数据导出至 Excel 中;

(2) 数据保存——对输入数据进行保存;

(3) 退出——离开该界面;

(4) 修改井名——修改所选中的井的名称;

(5) 复制表格——将选定表格区域的值复制到剪切板;

(6) ▣粘贴表格——把复制的内容粘贴到文档里;
(7) ▣插入行——允许插入行;
(8) ▣删除行——允许删除行;
(9) ▣清除内容——可以清除选定区域内容;
(10) ✕全部清除——清空所选井对应的所有数据。

在该窗口中可以直接显示井的注入量或井底压力与时间的关系曲线,并可以通过单击各个井的名称,查阅该井的数据和曲线图。

(三) 井位坐标

选择"数据输入"项中的"井位坐标"选项或者单击窗体图标▣,出现如图 2-13 所示界面。

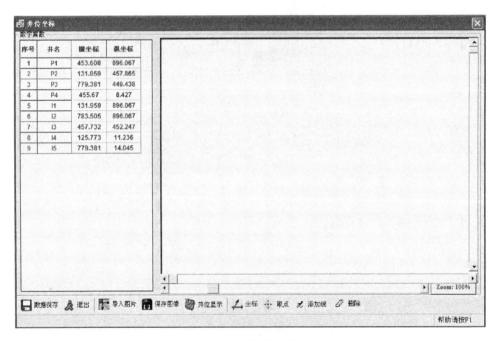

图 2-13 井位坐标数据输入界面

用户可以对现有的井位图进行数值离散,并最终保存。井位图编辑主要有以下几个步骤。

(1) ▣导入图片——导入井位地质图,如图 2-14 所示。

第二章 油藏井间连通性软件开发

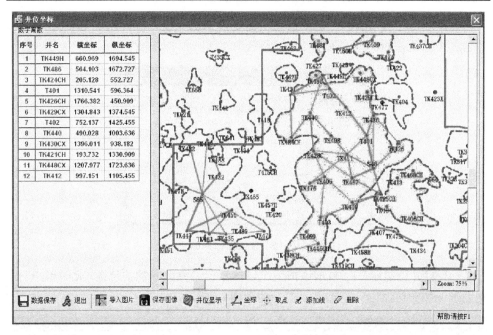

图 2-14 导入井位地质图

(2) ![坐标图标]坐标——在图中建立坐标系,选定坐标的横向、纵向的最小值(如 0)和最大值(如 2000),如图 2-15 所示。

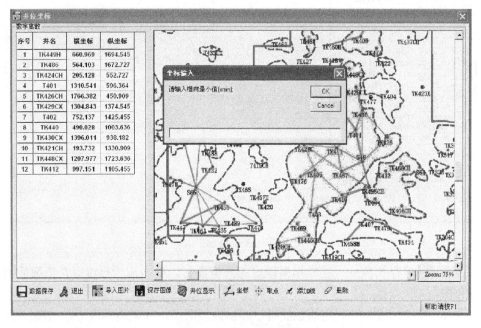

图 2-15 选定坐标界面

(3) ![icon] 取点——鼠标左键单击图中需要模拟的井位,在弹出的对话框中输入井名、序号及井的类型,如图 2-16 所示。

图 2-16　井位取点界面

(4) ![icon] 井位显示——单击该按钮可以显示已经离散好的井位图,此时单击"返回图形"按钮可返回井位输入界面,如图 2-17 所示。

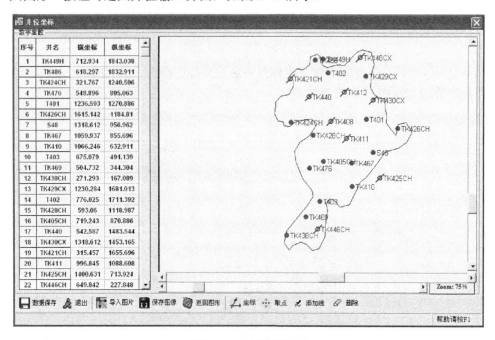

图 2-17　井位显示界面

(5) ![icon] 保存图像——在显示离散好的井位图时,单击该项可以保存离散后的井位图。

(6) ![icon] 添加线——利用添加线可以画出地质断层,油藏边界线等,如图 2-18 所示。

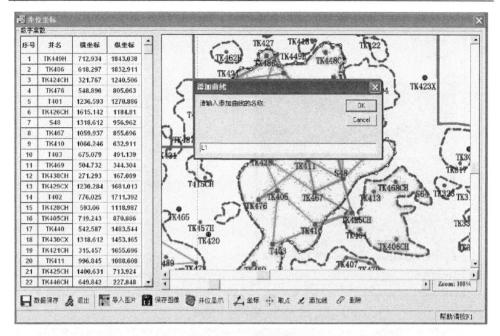

图 2-18 添加曲线界面

(7) ✎ 删除——利用删除键可以将已经建立的坐标系清除，以便重新定义坐标系。

以上基本参数设置完毕，单击"数据保存"按钮进行保存，最后退出。

四、模型求解

模型求解是软件的核心部分，由数据输入部分自动生成计算所需的数据输入文件。利用所建立的 MLR 模型或 BCM 模型对输入数据进行计算，并最终通过动态反演得到反映井间动态连通性的权重系数，以及直观地表现井间连通性的油水井间连通图。

选择"模型求解"项中的"提交运行"选项或者单击窗体图标 ▦ ，出现如图 2-19 所示界面。

在提交运行界面中可以调节"群体规模""进化代数""初始取值""交叉概率"以优化算法设置，并选择是否考虑平衡常数。

用户可以通过"查看文件"对所建成的数据文件进行临时查看和修改，修改后可继续进行计算，用户也可根据需要中止运算。

在数据输入完成后，单击菜单中的"运行"即可进行运算。运算过程中，软件实时显示每口井的求解过程，如图 2-20 所示。

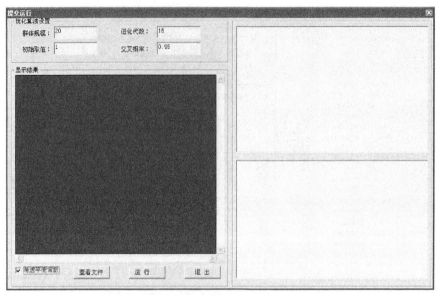

图 2-19 提交运行界面

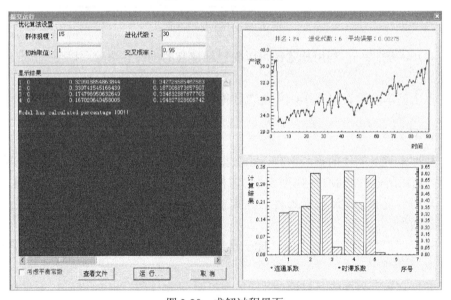

图 2-20 求解过程界面

五、结果输出

计算完成后即可查看结果,在菜单中单击"结果输出"或者 ![icon],进入结果输出界面。在图表输出窗口左侧树形图标"类型选择"中选择各个井数据曲线图和井间连通性图的结果输出,以表和图的形式显示在窗口的右侧。单击图形数据可以查看当前图形的数据文件,"保存当前"可以将当前的图片或数据文件进行保存。

有6种图表输出：生产井产液量图（图2-21、图2-22）、注水井注入量图（图2-23）、生产井井底流压图（图2-24）、生产井F-C曲线图（图2-25）、动态连通图（图2-26）、时滞耗散图（图2-27）。

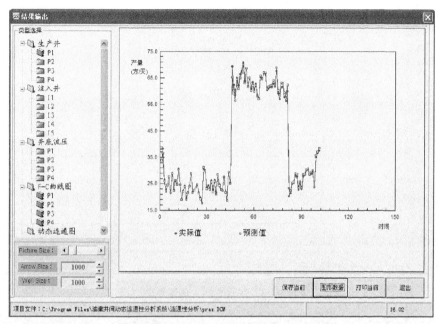

图2-21　生产井产液量图界面

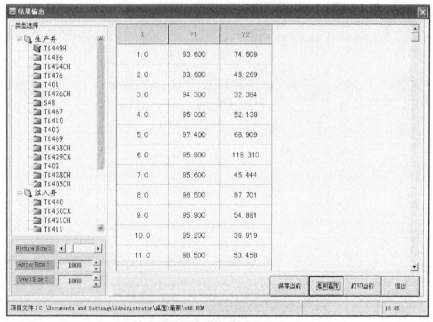

图2-22　数据列表界面

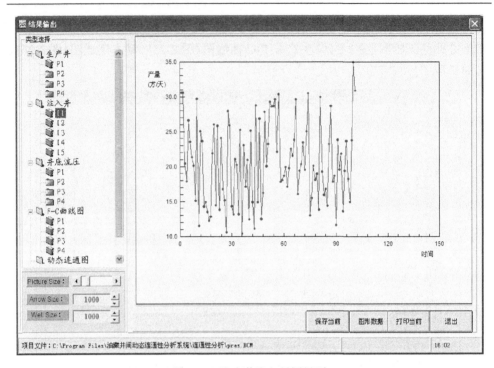

图 2-23　注水井注入量图界面

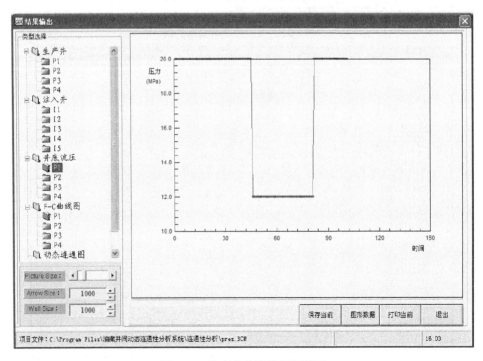

图 2-24　生产井井底流压图界面

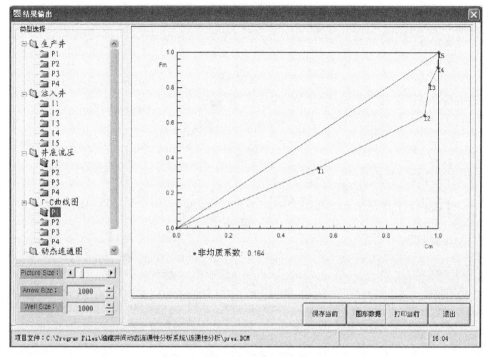

图 2-25 生产井 F-C 曲线图界面

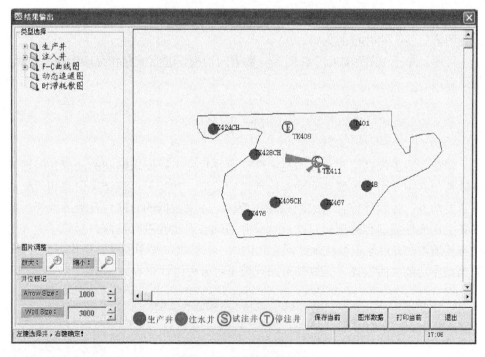

图 2-26 动态连通图界面

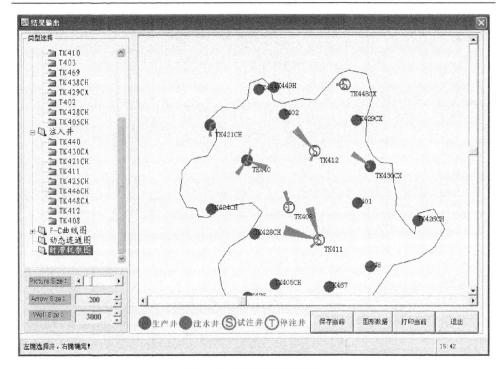

图 2-27 时滞耗散图界面

在结果输出界面中可以通过改变 Picture Size: 、Arrow Size: 、Well Size: 来改变图形、箭头和井位的大小。

可通过单击"图形数据"在图像与数据间切换,进而保存和打印图像与数据。最后退出。

本 章 小 结

本章介绍了依据第一章井间连通性理论及软件工程要求编制的油藏井间连通性软件,其主要用于油藏井间动态连通性的反演,并基于反演结果调整和优化油田开发动态。该软件综合考虑油藏地质条件、注采数据的时滞性及流体性质,基于各类连通性模型和最优化算法对油藏井间动态连通性进行反演,运算输出井间动态连通图,有效地表征注采井间连通性大小。该软件简单易学,操作界面友好,数据操作功能灵活方便,运算结果图表数据可方便进行保存、输出。

第三章　典型储层的沉积微相及非均质性特征

第一节　油藏地质概况

一、研究区域地理位置

本书选取姬塬油田的黄 219 区（长 9 油层组）、盐 67 区（长 8 油层组）两个较典型的区块进行基础理论与应用的贯通式研究（图 3-1）。姬塬油田油气勘探开采区域

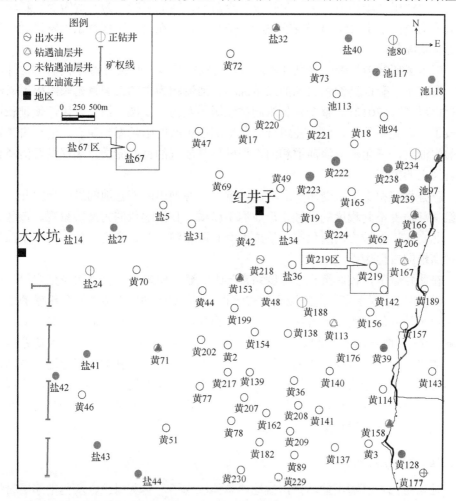

图 3-1　黄 219 区与盐 67 区的地理位置示意图

位于陕西省定边县、吴旗县、甘肃省环县、华池县与宁夏回族自治区盐池县境内，面积9792.64km²。区内地表属典型的黄土塬地貌，地形起伏不平，地面海拔1350～1850m，相对高差500m左右。

本区属内陆干旱型气候，最低气温-25℃，最高气温35℃，年平均气温约10℃，年平均降水量为570mm左右，多集中在7月、8月，且以地表径流的方式排泄。地下水资源较为丰富，主要含水层位有白垩系的环河组、华池组、宜君洛河组，其中部分地区饮用水为环河组，单井产水量一般小于200m³·d⁻¹，矿化度约为2g/L；工业用水为洛河组，单井产水量为300～500m³·d⁻¹，矿化度为3～5g/L，水质较差。

二、构造位置及演化史

姬塬油田区域构造位于陕北斜坡中段西部，构造平缓，为一宽缓西倾斜坡，构造平均坡度小于1°，平均坡降为6～7m·km⁻¹。在这一区域背景上发育近东西向的鼻状隆起。

鄂尔多斯盆地从晚三叠世开始进入台内拗陷阶段，形成闭塞-半闭塞的内陆湖盆，发育了一套以湖泊相、湖泊三角洲相、河流相为主的三叠系延长组碎屑岩沉积(付金华等，2012)。整个延长组湖盆经历了发生—发展—消亡阶段，使延长组形成了一套完整的生、储、盖组合。盆地沉积中心的暗色湖相泥岩、油页岩是良好的生油岩，三角洲分流河道和河口坝砂体是油气的良好储层，半深湖及沼泽相泥岩为主要盖层。

三叠系沉积末期，受印支运动的影响，姬塬油田随着盆地的进一步抬升，延长组顶部遭受不同程度的剥蚀，形成沟壑纵横、丘陵起伏的古地貌景观。该区的南、北、东三面被古河所包围，形成南有甘陕古河，北、东有宁陕古河，中部为姬塬高地的古地貌。

在此背景下，该区沉积了侏罗系富县组、延安组地层。富县组及延安组下部延10地层属侏罗系早期的河流充填式沉积，对印支运动所形成的沟谷纵横的地貌起到填平补齐的作用。沟谷中主要为一套粗粒序的砂岩沉积，而高地腹部局部地区缺失延10地层，之后地貌逐渐夷平，发育了一套中细砂岩、砂泥岩及煤系地层等泛滥平原河流相沉积。古河下切形成了下部油气向上运移的良好通道，古高地和斜坡区的河道砂岩是油气的储集体，泛滥平原沉积的泥岩及煤等细粒沉积则成为油气的遮挡条件，这些条件与西倾单斜上发育的低幅度鼻状构造相配合，在本区形成众多的延安组小型油气富集区。

三、延长组地层特征

延长组沉积时随湖盆演化，盆地内总体沉积了一套灰绿色、灰色中厚层粉细砂岩、粉砂岩和深灰色、灰黑色泥岩地层，下部以河流中、粗砂岩沉积为主，中部为一套以湖泊-三角洲为主的砂泥互层沉积,上部为河流相砂泥岩沉积。总体北粗南细,厚度北薄南厚,厚度为800～1500m,最厚地层在盆地西南边缘的汭水河剖面为1500m。岩性呈明显的韵律变化,并发育多期旋回,这些变化在区域上有较强的可对比性,依据延长组中凝灰岩、页岩、碳质泥岩或煤线等标志及其在测井曲线上的变化特征将延长组自上而下细分为十个油层组。进一步根据次一级沉积旋回和标志层将长8、长9油层组分别划分为长8_1、长8_2、长9_1、长9_2更次一级的含油层段。各油层组和含油层段的岩性特征如下所述。

长9油层组在盆地演化中是沉积物充填高峰期之一,无论是盆地东北的三角洲,还是盆地西南的水下扇浊流,均为强进积建设期,自下而上可以分为长9_2、长9_1三个沉积旋回序列,每个旋回由砂岩、粉砂岩及泥岩组成,其中长9_1三角洲前缘厚层砂体最为发育。

长8油层组是盆地进一步拗陷扩大的过程,盆地西部和西南部因地处剧烈沉陷带,辫状河入湖后即成为辫状河三角洲的水下分流河道,由于湖底坡度陡,局部地区很快又演化为浊积扇。而北部和东部坡度很缓,以大型曲流河三角洲沉积为主。自下而上可以分为长8_1和长8_2两个沉积旋回序列。

四、勘探开发简况

姬塬油田2006年罗1井钻遇长8油藏并获得$31.1t \cdot d^{-1}$的高产油流,同时油藏评价紧跟石油预探,对吴仓堡、铁边城、堡子湾区集中进行评价。2007年长8油藏勘探评价取得突破性进展,截至2014年2月共发现4条含油砂带:黄3—黄57—罗1一线,池37—池51,黄7—黄43,耿73—罗38。2009年重点针对黄3—罗1油藏进行勘探评价,上报预测地质储量$21509 \times 10^4 t$。

在勘探评价长8油藏的同时,坚持"甩出去、打下去"的指导原则,在长9油层组也有较大的收获,截至2014年2月在黄39区及其周边已有13口井获得工业或低产油流,其中,黄39、黄209、黄219井试油分别获得$23.78t \cdot d^{-1}$、$24.14t \cdot d^{-1}$、$34.34t \cdot d^{-1}$的高产工业油流。

截至2014年2月,黄219区长9油藏总井数178口,油井开井135口,日产液1244t,日产油401t,综合含水率63%。平均单井日产油2.75t,采油速度1.25%,地质储量采出程度3.11%;注水井开井43口,日注水量$1233m^3$,平均单井日注水$28m^3$,月注采比1.00。盐67区长8油藏总井数101口,油井开井72口,日产液480t,日产油220t,综合含水率47.6%。平均单井日产油2.98t,采油速度1.74%,地质储量采出程度2.81%;注水井开井29口,日注水量$855m^3$,平均单井日注水$28.5m^3$,月注采比1.81。

第二节 精细小层划分与对比

精细小层划分与对比是油田开发中的一项重要的基础工作（王云枫等，2013；张尚峰等，2000；焦养泉和李祯，1995；石志敏，2005；周国文等，2006），通过精细小层划分与对比，可以解决油田开发过程中遇到的许多地质难题，同时可提供目标小层的基础数据。例如，利用精细小层对比成果，提取平面构造图、目标小层的砂体平面展布特征及沉积微相特征，对油藏控制因素做出合理分析，最终预测有利含油区块等。因此，做好精细小层划分与对比，对油田的开发具有重要意义。

一、小层划分与对比的原理

（一）小层划分与对比的依据

小层通常是指单砂体或单砂层，属于油田最低级别的储层单元，是油气田开发的基本单元。沉积地质体是在不同时间段中形成的，沉积规律有所差别，因此才在地层中形成层序，同时也才使得小层可以被识别，因此小层划分与对比，可依据层序地层学原理，以沉积、构造学理论为指导。

（二）小层划分与对比的原则

在小层划分与对比过程中应坚持等时对比原则，其具体方法是应用层序地层学原理确定等时界面，利用等时界面将沉积体划分为若干等时层，实现小层的合理划分。

（三）小层划分与对比的方法

小层划分与对比中，针对鄂尔多斯盆地为稳定升降型沉积型盆地的特点，湖相和三角洲前缘相比较稳定的沉积环境下沉积旋回明显、标志层清晰、沉积体的岩性厚度均有一定规律可循的实际情况，采取以沉积模式为指导、以标志层为基准、以厚度旋回为参考、以分级控制为步骤、以动静结合反复对比验证为方法的分层技术对全区212余口井进行了小层划分及对比。

(1) 以沉积模式为指导：在进行陆相地层对比时，由于陆相沉积相变快，切不可"砂对砂""泥对泥"，某井为砂质沉积，在其紧邻的井完全可能是泥质沉积。因此，在陆相地层的小层划分与对比中，要有陆相沉积相变快这一概念，指导合理的小层划分与对比。

(2) 以标志层为基准：研究标志层的分布规律及沉积旋回的变化，同时遵循油田划分的生产实际。例如，在本区，可以选择易于识别的 K0、K1 标志层。这些标志层在岩心和测井剖面上易于识别,分布稳定,具有极好的等时性,因此,可操作性较强,是研究区油层组和小层对比中极好的等时对比划分标志。

(3) 以厚度旋回为参考:在油田范围内,同一沉积期形成的地层,岩性与厚度都具有相似性,前人大量的研究成果表明,鄂尔多斯盆地内部地壳运动以整体的垂直升降作用为主,盆内地层厚度基本保持一致,变化相对比较稳定。

(4) 以分级控制为步骤:在对比过程中采取先对大段、后对小段的步骤进行小层对比。例如,在本次小层对比中,长8油层组的K1标志层、长9油层组的K0标志层非常明显,根据以地层厚度为参考的原则,先确定目的层长8油层组、长9油层组的顶界和底界,在此基础上再根据层特征对长8油层组、长9油层组内部进行小层划分与对比。

(5) 以动静结合反复对比验证为方法:利用动静结合验证小层划分的正确性,不断地修正地质分层,进一步修正地质模型。在本书盐67区、黄219区分层过程中,利用油田动态数据对分层不断验证,并对个别有问题的井的分层数据进行修正,使得小层划分结果更加接近地下地质实际情况。

二、确定研究区标准井、建立标准剖面和骨架网

本书小层划分与对比,首先选择用于划分地层的典型井(或典型井段)。典型井多是位置居中、地层齐全,而且具有较全的岩心录井资料,包括古生物和重矿物分析成果;测井资料齐全,曲线标志清楚。其次以典型井作为地层对比时的控制井,从典型井出发,选择了八条骨架剖面(或标准剖面)组成骨架网,向外延伸,逐步控制全区,以"井"字形骨干井对比剖面来确保研究区地层对比的合理性,为下一步沉积体系、沉积微相研究奠定基础。

三、确定标志层

标志层系指剖面中那些岩性稳定,厚度均匀,标志明显,分布范围广,测井曲线上易识别,与上下岩层容易区分开来的时间—地层单元,可以是一个单层或是一套岩性组合,也可以是一个界面。在标志层的控制之下,结合岩性、沉积旋回、沉积相序组合、电性等特征综合考虑,才能获得比较正确精细的小层划分结果,见表3-1。

表3-1 研究区地层划分方案表

层位	油层组	含油层段	标志层	
			名称	位置
延长组	长8	长8_1	K0	顶
		长8_2	K1	底
	长9	长9_1	K1	顶
		长9_2		底

研究区主要研究长 8 和长 9 油层组，划分长 8 油层组和长 9 油层组主要依据 K1 和 K0 标志层，标志层特征如图 3-2 所示。

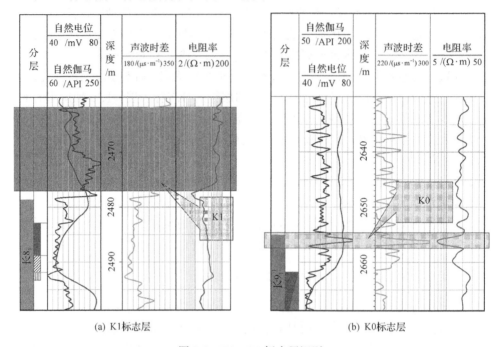

图 3-2 K1、K0 标志层识别

K1 标志层：长 8 油层组的小层划分中，主要应用了长 7 油层组底部的深灰色油页岩作为良好的区域对比标志层，俗称"张家滩页岩"，其电性具有三高一低的特点，即高电阻、高伽马、高时差、低密度。

K0 标志层：K0 标志层位于长 8 油层组底部，俗称"李家畔页岩"，其电性具有三高一低的特点，即高电阻、高伽马、高时差、低密度。

四、小层划分与对比结果

具体划分小层时，首先将典型井的标志层画出，结合旋回、厚度、层序界面、测井曲线岩电特征标出分层再将其推至剖面井。其次以骨架剖面小层划分对比为依据，对单井小层划分进行调整，实现全油田范围内分界线的统一，从相邻钻井开始，向四周井作放射井网剖面，进行对比，通过反复对比调整，最终完成了盐 67 区 105 口井、黄 219 区 178 口井的延长组长 8—长 9 油层组的小层划分与对比(表 3-2 和表 3-3)，并使其空间闭合。这是一个多次反复的过程，即所谓的"由近而远，闭合复查"。在此过程中始终坚持"动静结合反复对地验证，由此确立了全区储层等时格架。

表 3-2　黄 219 区长 9_1 地层厚度统计表

地层厚度	油层组		
	长 9_1	长 9_1^1	长 9_1^2
最大/m	69.00	38.60	36.88
最小/m	37.86	16.95	18.14
平均/m	47.89	23.07	24.82

表 3-3　盐 67 区长 8_2 地层厚度统计表

地层厚度	油层组		
	长 8_2	长 8_2^1	长 8_2^2
最大/m	50.00	26.30	26.31
最小/m	31.39	14.12	15.87
平均/m	42.23	20.90	21.33

通过纵横对比剖面对比分析(图 3-3、图 3-4)，研究区长 8—长 9 油层组标志层电性特征较为明显，地层厚度在全区相对稳定，厚度相对均匀，变化比较小，层位比较稳定，平面上变化较小，说明其沉积环境比较稳定，水体深度变化不大，有利于油气生成与聚集。

第三节　沉积微相研究

一、区域沉积背景

研究区位于鄂尔多斯盆地的西南部，该区在晚三叠世由于受印支运动的影响，出现了大型的湖泊。当时整个盆地的沉降与沉积中心偏南及西南部，盆地内沉积有自古生代以来的多套沉积体系，其内蕴藏着丰富的油气资源。其中上三叠统延长组是一套在内陆湖泊三角洲沉积体系上发育的重要油气储集层，也是研究区主要的含油层系。

鄂尔多斯盆地延长组的沉积经历了 4 个演化阶段，即湖盆形成及扩张期、鼎盛期、回返期、萎缩消亡期。

长 10、长 9—长 8 期由满盆的河流到迅速的湖进，至长 7 期湖盆发育逐渐达到鼎盛。长 6 期三角洲大规模充填，湖盆萎缩开始，长 4+5 期在盆地西北部出现短暂的湖泛，整体来看湖盆仍继续萎缩。长 3 期湖泊面积减小，深湖区向东南部退缩。长 2 期河流沉积广布，湖岸线萎缩幅度较大，深湖衰竭，至长 1 期演化为三角洲平原，仅在子长—庙沟一带深湖短暂复活，由于后期剥蚀作用，湖泊已支离破碎。延长组沉积结束后，受印支运动影响，广泛遭受剥蚀形成侵蚀谷地。

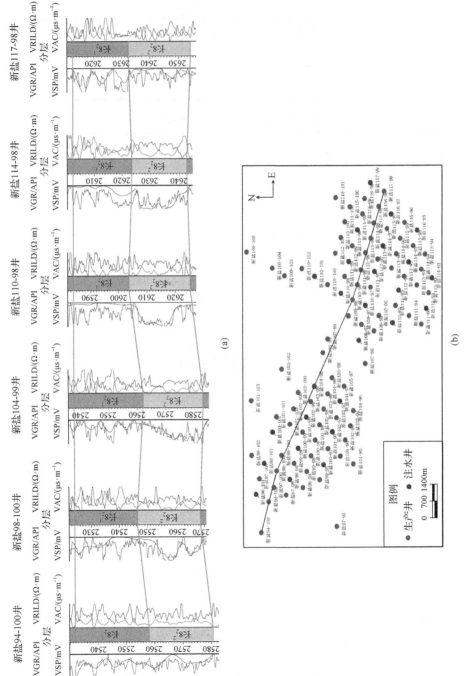

图3-3 盐67区新盐94-100—新盐117-98井长8₂地层对比剖面图(a)和井位图(b)

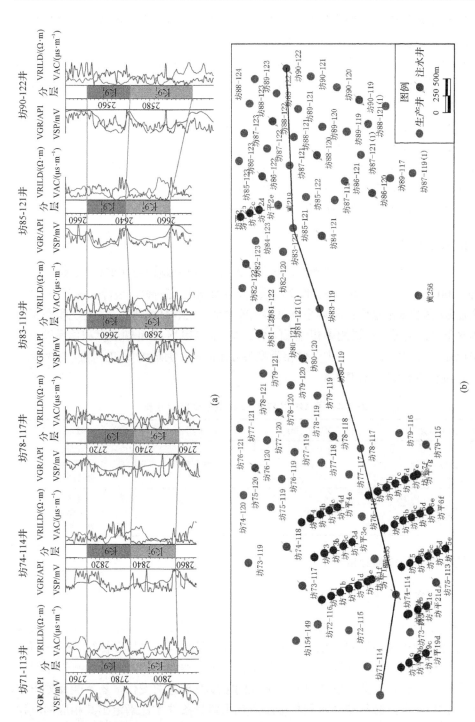

图 3-4 黄219区坊71-113—坊90-122井长9₁地层对比剖面图(a)和井位图(b)

长9期水体变浅，湖岸线从东北和西南两个方向向湖中心推移。湖盆分布在天赐湾—坪桥以南，深湖区分布在环县—华池、合水地区。三角洲建设作用显著，形成复合连片的三角洲砂体，在西南部地形较陡，受构造应力、火山作用等的诱发，重力流沉积发育。此外，在湖盆中部地区受三角洲、滑塌的联合作用，砂体异常发育、厚度大，分布广泛。

长8期盆地下降速率减缓，湖盆面积继续增大。此期湖盆沉积体的突出特点是：西部以各种近源快速堆积的粗粒三角洲和浊积岩为特征；南部宁县曲流河三角洲，东部和东北部的各三角洲局部稍微进积，其中横山三角洲和靖边三角洲汇合，西北部马家滩三角洲在三角洲前缘分成两支朵体；东北部由定边—安边、吴旗、安塞、延长4个三角洲组成。

二、沉积微相划分方案

在区域沉积背景分析的基础上，结合前人研究成果(赵迎月和周红，2006；朱红涛等，2002)，根据研究区长8、长9油层组的沉积相标志研究，结合区域沉积背景，得出盐67区长8油层组沉积体系以三角洲前缘亚相沉积环境为主，主要沉积微相类型为水下分流河道、河道侧翼和分流间湾3种。黄219区长9_1油层沉积体系以三角洲平原亚相沉积环境为主，主要微相类型为分流河道、河道侧翼和分流间湾3种。

各沉积微相划分见表3-4。

表3-4 黄219区与盐67区沉积微相划分表

区块及层系	沉积体系(相)	亚相	微相
盐67区长8_2	三角洲	三角洲前缘	水下分流河道 河道侧翼 分流间湾
黄219区长9_1	三角洲	三角洲平原	分流河道 河道侧翼 分流间湾

三、测井相和单井相分析

(一)研究区测井相分析

测井相是从测井资料中提取与岩性有关的地质信息。一般进行测井相主要根据自然电位(SP)曲线和自然伽马(GR)曲线的幅度特征、曲线形态特征、接触关系、曲线光滑程度并结合区域地质综合资料进行分析。然而，测井响应反映岩性特征往往具有多解性，因此，仅通过测井曲线的幅度及形态的变化，还不能反映出确切的沉积相特征，必须结合沉积相标志和沉积背景条件才能确定出其相应的沉积相及沉积微相。

对于研究区而言，自然电位的变化能较好地反映目的层段储层砂泥岩剖面的特点。因此，主要利用自然电位曲线，在孔渗性相对好的厚砂层结合自然伽马曲线(图 3-5～图 3-8)进行测井相分析。

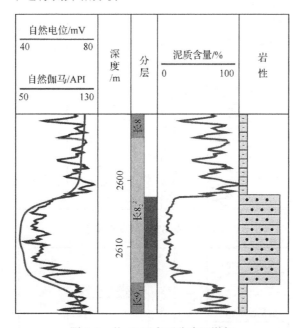

图 3-5　盐 67 区水下分流河道相

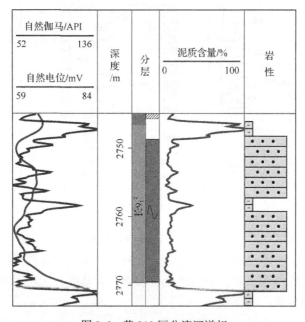

图 3-6　黄 219 区分流河道相

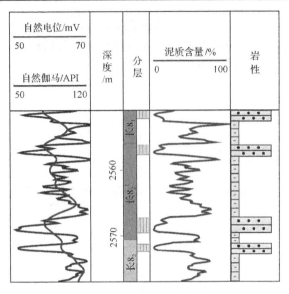

图 3-7 盐 67 区河道侧翼相

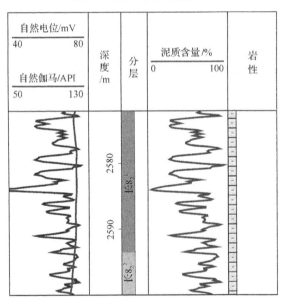

图 3-8 盐 67 区分流间湾相

从自然电位曲线组合来看，砂岩中自然电位曲线呈箱形、钟形及钟形-箱形组合，反映物源丰富、水动力条件稳定的分流河道及水下分流河道沉积；指形则反映细粒沉积的河道侧翼沉积；而自然电位接近泥岩基线、无明显韵律特征的曲线形态，主要反映分流间湾沉积。

(二) 研究区单井相分析

为了系统深入地揭示研究区长 8、长 9 油层组的垂向沉积演化规律，根据测井曲线、岩石学特征、沉积构造等资料，以新盐 115-97 和坊 77-118 这两口井为代表做了单井相分析 (图 3-9、图 3-10)。

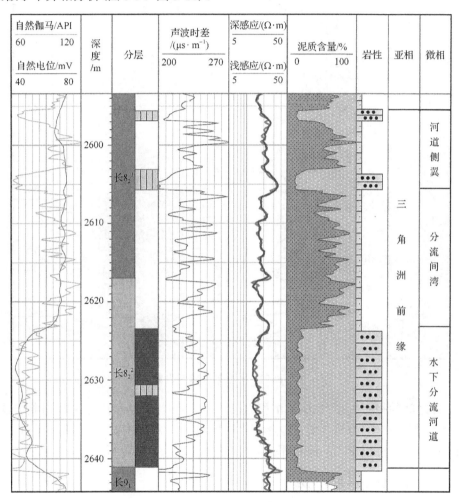

图 3-9　盐 67 区新盐 115-97 单井相分析

四、沉积微相平面展布特征

(一) 沉积微相剖面展布特征

沉积微相剖面图是在单井相的的基础上，充分利用电性测井资料进行对比，建

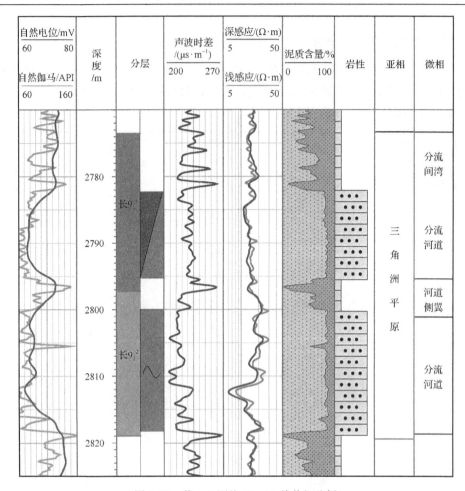

图 3-10 黄 219 区坊 77-118 单井相分析

立邻井之间的相序关系,以确定沉积相在二维空间展布特征的一种相序分析方法。结合研究区所处的构造位置及地质演化背景,以大量的勘探开发实践为基础,绘制出反映该区沉积微相剖面图(图 3-11,图 3-12)。

(二)沉积微相平面图的编制

针对黄 219 区、盐 67 区各小层流动单元的含油性及砂体的发育状况,制作了长 8_2、长 9_1 层段共五张沉积微相平面图,具体做法如下所述。

以单井相为骨干井,对工区范围内各井各小层的沉积微相进行综合分析和标注。在利用测井曲线划相的过程中,由于各井测井序列有差异,时间先后差异大,微相划分中注重以自然伽马、自然电位、声波时差曲线为主,结合微电位、感应电导率、4m 电极线综合确定不同小层的沉积微相。将每口井不同小层砂地比值和

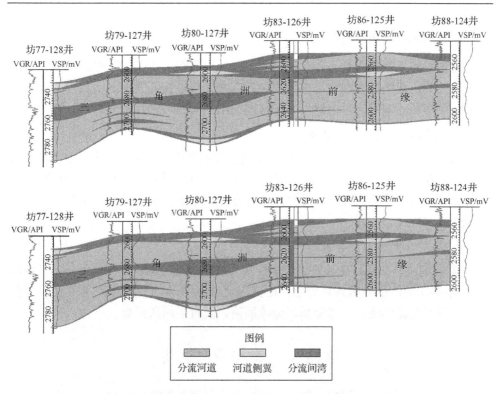

图 3-11　黄 219 区坊 77-128—坊 88-124 沉积微相剖面图

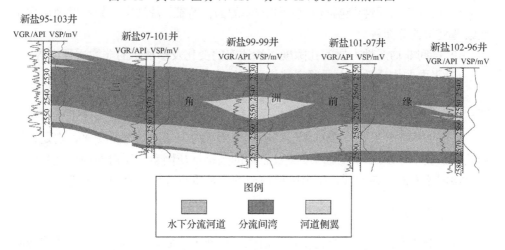

图 3-12　盐 67 新盐 95-103—新盐 102-96 沉积微相剖面图

沉积微相代码标注在各层平面图相应井位旁边，结合沉积微相的砂地比值划分界限标准把同一类型的沉积微相用线条圆滑地勾画出来，绘制的小层沉积微相平面图与小层平面图吻合程度较好，说明各小层沉积微相的划分是比较合理的。

(三)沉积微相平面展布

沉积微相平面展布是用各含油层的平面相展布图来展示的。平面相展布图编制精度及其所反映的客观内容直接影响着其在油气勘探开发中的实用性，因此，平面相展布图的编制除考虑储层与非储层突出的问题，还要考虑优势相成图原则。

1. 长 8_2 沉积微相平面展布

长 8_2 期：长 8_2 期是在长 9 末期小型湖侵后的首次三角洲建设期，主要表现为进积沉积作用，为三角洲前缘亚相沉积环境，主要沉积微相类型为水下分流河道、河道侧翼及分流间湾三种；主要发育两条河道，河道宽为 1～3km，呈北西—南东向展布。

2. 长 9_1 沉积微相平面展布

长 9_1 期：长 9 期是在长 8 最大湖泛期后发生的湖退加积沉积作用，以三角洲及浅湖-半深湖沉积环境共存为主，研究区北西-南东发育三角洲平原亚相，沉积微相主要是分流河道、河道侧翼、分流间湾，发育了两条河道。

第四节　非均质性评价

在研究过程中，从层内、层间及平面三个角度开展储层非均质性分析。

(1)层内非均质性：包括粒度和渗透率的韵律特征，渗透率差异程度及层内不连续薄夹层的分布等。

(2)层间非均质性：层间孔隙度、渗透率的变化及渗透率的非均质程度等。

(3)平面非均质性：主要研究储集平面展布形态及厚度的变化。

一、层内非均质性

层内非均质性系指一个单砂层规模其内部垂向上储层的性质变化。它是直接影响和控制单砂层层内水淹厚度波及系数的关键地质因素。层内非均质性是生产引起层内矛盾的内在原因。研究区层内非均质性重点分析内容如下所述。

(一)垂向渗透率分布韵律分析

复合韵律型由次级韵律无序复合而成，表现为单砂体在垂向上高、低渗透率段或正韵律与反韵律层交替分布。研究区中复合韵律较常见的是反-正韵律型，砂体下部渗透率向上逐渐增大，为反韵律型，一般多为河道侧翼沉积成因；而上部则表现为渗透率向上减小，为正韵律型，属分流河道沉积。两种成因的砂体叠置形成复合韵律(图 3-13～图 3-16)。

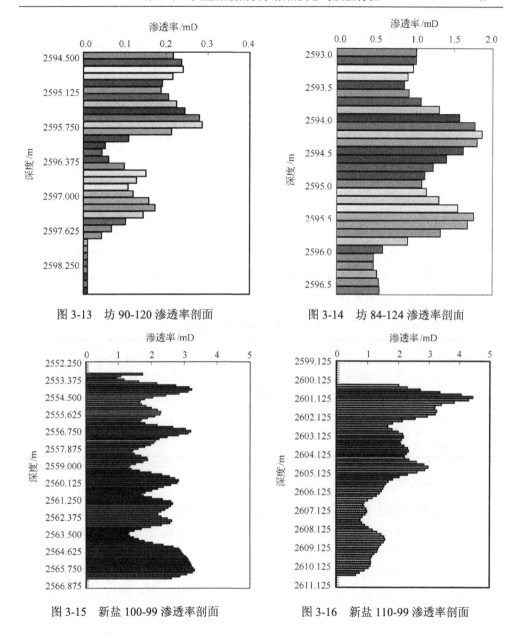

图 3-13　坊 90-120 渗透率剖面

图 3-14　坊 84-124 渗透率剖面

图 3-15　新盐 100-99 渗透率剖面

图 3-16　新盐 110-99 渗透率剖面

(二)各油层组渗透率的非均质性

由于储层非均质性对注水开发的波及系数影响很大,因此,常把储层的渗透性优劣看作是非均质性的集中表现。研究渗透率的各向异性,可以揭示储层的非均质性。通常采用渗透率突进系数(K_{max}/K_a)、级差(K_{max}/K_{min})、变异系数来评价储层非均质特征。变异系数大于 0,其值越小储层越趋向均质;突进系数大于1，其值越大说明渗透率变化越大，注入剂越易沿最高渗透率段突进，驱油效果越差；级差反映渗透率变化的绝对幅度大小，其值越大，非均质性越强（表3-5）。

表3-5 储层非均质程度划分表

特征参数	非均质性程度		
	弱	中等	强
变异系数	<0.3	0.3~0.6	>0.6
级差	<2	2~6	>6
突进系数	<2	2~3	<3

通过对黄219区和盐67区物性资料的分析和计算，可得表3-6中结果。根据评定标准，黄219区变异系数为中等，突进系数为弱，级差为中等；盐67区变异系数为中等，突进系数为弱，级差为中等。

表3-6 储层非均质评价

特征参数	含油层段			
	长 9_1^1	长 9_1^2	长 8_2^1	长 8_2^2
变异系数	0.35	0.39	0.40	0.42
级差	2.22	2.33	4.03	2.92
突进系数	1.29	1.35	1.39	1.33

（三）夹层分布

夹层是指分散在单砂体内的相对低渗透层或非低渗透层。其厚度较小，一般几厘米至几十厘米。常为平行于砂层层面分布的泥质夹层、砂体斜交的泥质侧积层、层理构造中的泥质纹层或条带及成岩胶结带和石油运移过程中所产生的沥青或重质油充填带。夹层将油层分为几个段，对油水运动规律和措施有效期保持时间的长短起很大作用，有时也有可能直接阻挡注入剂的注入，从而影响驱油效果。

长 9_1^1 夹层整体呈片状分布，在研究区大部分区域夹层厚度普遍在0.7m左右，部分夹层厚度大于1.2m的区域呈块状分布在研究区北东、西南部，这说明了部分研究区域非均质性较强。

长 9_1^2 夹层整体呈片状分布，在研究区东部、西南部区域夹层厚度普遍在1m左右，西北部、南部区域夹层厚度普遍大于1.2m，这说明了部分研究区域非均质性较强。

二、层间非均质性

层间非均质性是指各单层之间的岩性、物性、产状、产能等方面的不均匀性和差异，是油层和砂岩组规模上的宏观非均质性描述。包括层系的旋回性、砂层间的渗透率非均质程度、隔层分布及层间裂缝等特征。这些特征是由纵向上沉积环境变迁造成的。对层间非均质性的描述包括各种沉积环境下形成的砂体在剖面上交替出现的规律性，以及作为渗流屏障的泥岩等非渗透层的发育和分布规律。层间非均质性是划分开发层系，决定开发工艺的依据，同时层间非均质性也是注水开发过程中干扰和水驱差异的重要原因。层间非均质性要受沉积相的控制。

(1) 分层系数是指被描述层系内所有井的砂层数之和与统计井数的比值。由于沉积微相的不同，同一层系的砂层层数会发生变化，可以用平均单井钻遇率来表示，分层系数越大，层间非均质性越严重，油藏开发效果也就不理想。

(2) 砂岩密度是指垂向剖面上的砂岩总厚度与地层总厚度之比，反映了纵向上各单层砂岩发育程度的差异。

通过表 3-7 可以看出：盐 67 区长 8_2^1 层的和长 8_2^2 层的分层系数分别为 1.49 和 1.65，黄 219 区长 9_1^1 层的和长 9_1^2 层的分层系数分别为 2.23 和 1.89。

表 3-7 分层系数统计表

层位	砂层厚度/m	小层厚度/m	砂岩密度/%	分层系数
盐 67 区长 8_2^1	4.89	20.90	23.40	1.49
盐 67 区长 8_2^2	12.52	21.30	58.78	1.65
黄 219 区长 9_1^1	15.16	23.07	65.71	2.23
黄 219 区长 9_1^2	19.47	24.82	78.44	1.89

(3) 隔层分布情况。隔层也被称为遮挡层或阻渗层，就是储油气地层中能够阻止或者控制流体流动的岩层。延长组各油层之间都被在区域上分布较稳定的泥岩、泥质粉砂岩、粉砂质泥岩、泥碳和斑脱岩所分割，横向连续性好，特别是斑脱岩在区域内发育良好，常常在地层划分与对比时作为区域标准层。这些隔层对油水的上下渗流可起到较好的阻隔作用。

层间隔层主要为厚度在 4m 左右的泥岩层或泥质粉砂岩层，隔层厚度分布较为稳定，如图 3-17 所示。

黄 219 区长 9_1 油藏拥有贯穿全区的稳定隔层。从平面上看，隔层厚度为 1～14m，92%的隔层大于 2m，变化较大，如图 3-18 所示。这样的隔层可以将相邻两砂层分割成相对独立的两个储层。由此可以看出，长 9_1^2 层的地层水不容易突破隔层，对主力油层长 9_1^1 层的影响不大。

三、平面非均质性

盐 67 区长 8_2^1 层渗透率最大值为 11.49mD，最小值为 0.09mD，平均值为 1.23mD。盐 67 区长 8_2^2 层渗透率最大值为 11.33mD，最小值为 0.49mD，平均值为 1.77mD。

黄 219 区长 9_1^1 层渗透率最大值为 10.47mD，最小值为 0.42mD，平均值为 1.89mD。黄 219 区长 9_1^2 层渗透率最大值为 9.15mD，最小值为 0.28mD，平均值为 1.33mD。

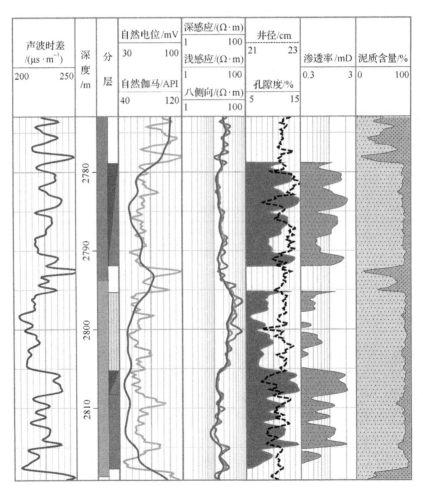

图 3-17 坊 72-116 井隔层电测解释模型

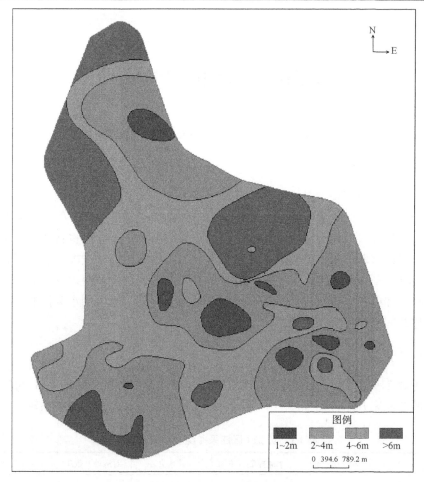

图 3-18 长 9_1^1 层底部隔层厚度图

本 章 小 结

通过对黄 219 区、盐 67 区地质特征的分析，得到如下认识：

(1) 依据 K0 标志层，将黄 219 区长 9_1 层细分为长 9_1^1 与长 9_1^2 两个小层；长 9_1^1 地层厚度为 16.95～38.60m；长 9_1^2 地层厚度为 18.14～36.88m。

(2) 依据 K1、K0 标志层，将盐 67 区长 8_2 层细分为长 8_2^1 与长 8_2^2 两个小层；长 8_2^1 地层厚度为 14.12～26.30m；长 8_2^2 地层厚度为 15.87～26.31m。

(3) 黄 219 区与盐 67 区均为三角洲前缘亚相，微相可分为分流河道(水下分流河道)、分流间湾、河道侧翼三个沉积微相；黄 219 区砂体发育较盐 67 区好。

(4) 储层渗透率非均质性较弱。

第四章 井间砂体连通性

第一节 井组水驱控制程度

一、水驱控制状况

水驱储量控制程度是指在井网条件下注入水所波及的含油面积内的储量与其总储量的比值。为计算方便,将其简化为与注水井连通的生产井射开有效厚度与井组内采油井射开总有效厚度的比值。为统计分析方便,有时也将该比值称为注采对应率或水驱储量控制程度,仅指有对应水井可能形成注采关系的油层。本章对黄 219 区长 9_1 油藏 40 个注采井组和盐 67 区 25 个注采井组内注水井和生产井的射孔段和射开厚度进行了统计,精细分析每个注采井组内的水驱控制状况,定量描述井间砂体的静态连通性。

(一) 黄 219 区水驱控制程度

对黄 219 区 39 个注采井组的水驱控制程度进行了分析,见表 4-1,可以看出只有两个注采井组控制程度小于 70%,说明砂体静态方面的连通关系较好。

表 4-1 黄 219 区注采井组水驱控制程度表

注水井	对应油井数/口	水驱控制程度/%	注水井	对应油井数/口	水驱控制程度/%
坊 86-120	2	50.00	坊 78-120	8	100.00
坊 86-126	5	55.56	坊 79-115	1	100.00
坊 78-127	5	78.57	坊 79-123	3	100.00
坊 84-121	4	81.82	坊 80-120	6	100.00
坊 84-124	7	85.00	坊 80-124	5	100.00
坊 74-121	5	85.71	坊 80-126	7	100.00
坊 76-124	5	85.71	坊 81-121	4	100.00
坊 78-122	6	86.67	坊 81-128	3	100.00
坊 74-124	7	89.47	坊 82-123	7	100.00
坊 82-126	7	89.47	坊 82-124	8	100.00
坊 72-122	5	100.00	坊 84-126	7	100.00
坊 72-124	5	100.00	坊 86-122	5	100.00

续表

注水井	对应油井数/口	水驱控制程度/%	注水井	对应油井数/口	水驱控制程度/%
坊 73-117	1	100.00	坊 86-124	8	100.00
坊 74-114	2	100.00	坊 88-120	6	100.00
坊 74-118	2	100.00	坊 88-122	8	100.00
坊 75-113	2	100.00	坊 88-124		
坊 76-120	8	100.00	坊 88-126	1	100.00
坊 76-122	8	100.00	坊 90-119	6	100.00
坊 77-113	2	100.00	坊 90-122	6	100.00
坊 78-118	6	100.00			

通过对坊 86-120 井组和坊 86-126 井组所处区域进行分析可知：两个注采井组分布在靠近河道侧沉积翼微相区域。这也说明了不同的沉积模式导致砂体性质的差异而使其不能连通。

（二）盐 67 区水驱控制程度

对盐 67 区 25 个注采井组进行了注采对应关系分析，见表 4-2，并统计了各井组的水驱控制程度。25 个井组中大部分井组水驱控制程度在 80%以上，即注采井组在静态方面的连通程度较好。

表 4-2 盐 67 区注采井组水驱控制程度表

注水井	对应油井数/口	水驱控制程/%	注水井	对应油井数/口	水驱控制程/%
新盐 100-101	3	47.06	新盐 104-97	7	100.00
新盐 98-101	5	66.67	新盐 104-99	5	100.00
新盐 108-97	4	76.19	新盐 110-95	4	100.00
新盐 100-99	7	87.23	新盐 110-97	7	100.00
新盐 98-99	7	87.23	新盐 110-99	4	100.00
新盐 112-97	6	90.91	新盐 112-93	4	100.00
新盐 112-99	7	92.00	新盐 112-95	5	100.00
新盐 114-99	8	95.38	新盐 114-93	4	100.00
新盐 102-99	8	95.74	新盐 114-95	8	100.00
新盐 116-97	5	100.00	新盐 114-97	8	100.00
新盐 117-99	3	100.00	新盐 116-95	4	100.00
新盐 100-97	6	100.00	新盐 96-101	3	100.00
新盐 102-97	8	100.00			

水驱控制程度较低的井组有新盐 108-97 井组、新盐 100-101 井组、新盐 98-101，其大都分布在沉积微相靠近河道侧翼和分流间湾相的区域。不同的沉积模式导致砂体性质的差异而使其不能连通。

二、注采不完善类型分析

通过对小层注采关系精细剖析，小层注采不完善或完善程度差的类型主要有以下四种类型，如图 4-1 所示。

(1)注入尖灭或变差型：注入尖灭或变差型指受砂体沉积影响，砂体由生产井向注水井方向尖灭或发育逐渐变差，使得注采井间的局部砂体得不到注水驱替，也称只采无注型。

(2)采出尖灭或变差型：采出尖灭或变差型指砂体由注水井向生产井井方向尖灭或发育变差，造成一定范围内的砂体采出程度差或无采出，也称只注无采型。

(3)注采动用不充分型：注采动用不充分型指注水井相应油层没有射孔，而生产井却钻遇该类油层并射孔，造成部分砂体井网不完善；或是注水井相应油层有射孔但生产井无射孔或受夹层影响导致某部分油层动用程度较低。

(4)尖灭区遮挡型：尖灭区遮挡型指受砂岩尖灭区的遮挡，造成注采井间的油层不连通或连通性差，使某一部位油层无法受到注水驱替。

对盐 67 区 25 个注采井组，140 组对应关系进行分析，对应完善的有 114 组，对应不完善的有 28 组，其中 a 类 9 组、b 类 9 组、c 类 8 组、d 类 2 组，注采对应完善程度为 81%。

第二节 井间动态连通性

一、井间动态连通方法的现场验证

基于第一章的井间动态连通基本原理，把该理论及编制软件应用于典型致密储层的注采井间动态分析时，需要对软件进行验证。

(一)生产动态响应法

对黄 219 区的坊 78-121 井，与注水井坊 78-120 井和坊 78-122 井生产响应对应关系进行分析，通过连通图及开采曲线，可以看出坊 78-120 井的连通系数 0.24 比坊 78-122 井的连通系数 0.08 对坊 78-121 井的响应大。开采曲线反映特征与连通图一致，说明这种方法可信度高(图 4-2)。

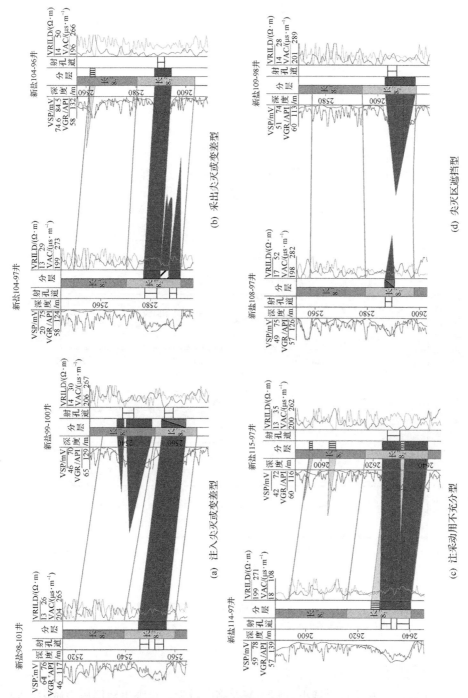

图 4-1 注采不完善类型示意图

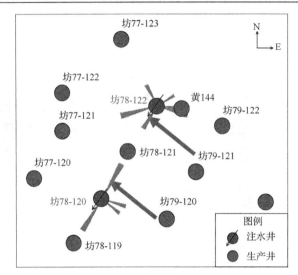

(a) 连通系数

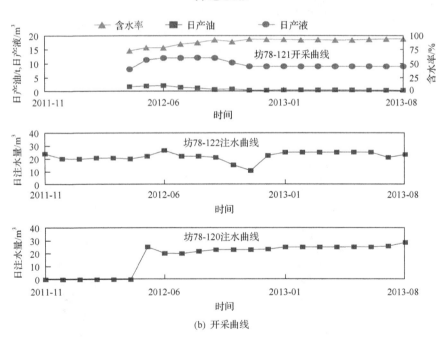

(b) 开采曲线

图 4-2 坊 78-121 井连通系数图及开采曲线图

图(a)中三角形的指向代表连通方位，其长度代表连通系数的大小

(二)动液面法

一般而言，动液面数值越小，则动液面高度越大，反映出地层压力越大，则连通系数越大。选择盐 67 区五口井进行分析，五口井分别为新盐 102-98 井、新

盐 103-98 井、新盐 101-98 井、新盐 103-97 井和新盐 103-100 井（表 4-3，图 4-3）。从表 4-4 与图 4-3 可以看出：新盐 101-98 井连通系数最大，动液面最小；新盐 103-97 井连通系数最小，而其动液面却最大。

表 4-3 盐 67 区 5 口连通系数与动液面表

井号	连通系数	动液面/m
新盐 102-98	0.26	752
新盐 103-98	0.31	306
新盐 101-98	0.34	242
新盐 103-97	0.05	1925
新盐 103-100	0.08	1500

通过上面两种方法及两个研究区域的数据分析表明，在本典型致密储层分析应用时，井间动态连通方法是可信的。

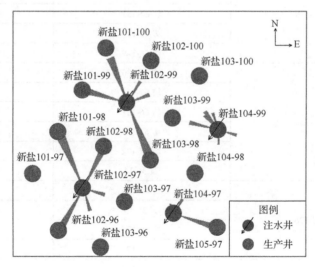

图 4-3 盐 67 区五口连通系数与动液面对应图
图中三角形的指向为连通方向，其长度代表连通系数的大小

二、黄 219 区动态连通程度

对黄 219 区进行动态连通系数的计算，共得到 48 个注采井组、214 个注采连通对应数据，如表 4-4、图 4-4 所示。需要说明的是，图中箭头越长，连通系数越大。由井间动态连通图（图 4-4）可以看出，其中水平井区域、坊 65-130 井组井间连通性较好，其余井连通程度特别低。

表 4-4 黄 219 区井组间动态连通系数表

注水井	生产井	连通系数
坊 63-128	坊 63-127	0.0033
	坊 64-129	0.0124
	坊 64-127	0.0414
	坊 64-128	0.0818
坊 65-128	坊 63-127	0.0208
	坊 64-129	0.108
	坊 64-127	0.4422
	坊 64-128	0.0833
	坊 66-127	0.2819
	坊 66-128	0.1594
坊 65-130	坊 64-130	0.6058
	坊 65-131	0.4338
	坊 64-131	0.5061
	坊 65-129	0.6172
	坊 66-129	0.3308
坊 67-130	坊 66-130	0.3405
	坊 67-131	0.4915
	坊 66-131	0.3807
	坊 67-129	0.3892
	坊 67-132	0.0186
坊 68-126	黄 35-14	0.0601
	坊 69-126	0.4843
	黄 35-13	0.5806
	坊 69-127	0.0074
	坊 69-128	0.085
坊 72-122	坊 73-122	0.2863
	坊 71-122	0.0166
	坊 72-123	0.0113
	坊 71-123	0.0729
坊 72-124	坊 73-123	0.3257
	坊 71-122	0.3198
	坊 72-123	0.2121
	坊 71-123	0.4378
	坊 71-124	0.4105

续表

注水井	生产井	连通系数
坊 73-117	坊 154-149	0.0079
	坊平 3	0.626
	坊 72-116	0.0191
	坊 73-119	0.3154
	坊平 4	0.2651
	坊平 1	0.8407
坊 74-114	坊 73-113	0.1514
	坊 72-115	0.1487
	坊平 6	0.5574
	坊平 5	0.3114
	坊平 21	0.1503
坊 74-118	坊平 3	0.5679
	坊平 1	0.5089
	坊 73-119	0.2403
	坊平 4	0.4447
坊 74-120	坊 75-120	0.3757
	坊 76-119	0.9173
	坊 75-121	0.4197
	坊 75-119	0.4803
	坊 74-122	0.496
	坊 73-119	0.1719
坊 74-121	坊 75-121	0.0313
	坊 74-122	0.0628
坊 74-124	坊 75-124	0.0129
	坊 73-124	0.2082
	坊 74-123	0.4627
	坊 75-125	0.493
	坊 74-125	0.2383
	坊 72-123	0.2565
坊 75-113	坊 73-113	0.1381
	坊 74-112	0.092

续表

注水井	生产井	连通系数
坊76-120	坊75-119	0.082
	坊77-120	0.0851
	坊76-121	0.069
	坊76-119	0.207
坊76-122	坊77-122	0.0322
	坊78-121	0.0783
	坊75-122	0.2419
	坊75-124	0.0612
	坊74-122	0.1241
坊76-124	坊76-123	0.2778
	坊75-124	0.1648
	坊75-123	0.3939
	坊75-125	0.0028
	坊77-123	0.097
坊77-113	坊79-112	0.104
	坊平12	0.2436
	坊平13	0.4971
坊78-114	坊79-116	0.202
坊78-118	坊77-119	0.2276
	坊77-117	0.1293
	坊78-117	0.2998
	坊77-118	0.1182
	坊77-118	0.1182
	坊平7	0.1891
坊78-120	坊79-120	0.0693
	坊78-119	0.2127
	坊80-119	0.0376
	坊80-119	0.0376
坊78-122	坊79-122	0.1448
	坊78-121	0.0837
	坊77-121	0.2298
	坊79-124	0.0019
	坊77-123	0.0508
	黄144	0.0063

续表

注水井	生产井	连通系数
坊78-127	坊160-160	0.0575
	坊78-128	0.5294
	坊78-126	0.1242
	坊79-127	0.0269
	坊80-128	0.0556
	坊79-129	0.0013
	坊77-128	0.1928
坊79-115	坊79-116	0.1723
	坊78-117	0.3273
坊79-123	坊79-124	0.1938
坊80-120	坊79-120	0.1349
	坊81-121(1)	0.0286
	坊83-119	0
	坊79-119	0.1876
	坊80-119	0.093
坊80-124	坊80-125	0.0457
	坊81-124	0.2782
	坊79-124	0.023
坊80-126	坊79-127	0.4491
	坊81-126	0.3177
	坊78-126	0.0415
	坊81-125	0.0237
	坊80-127	0.6368
	坊80-125	0.0499
	坊80-128	0.4983
坊81-121	坊81-122	0.0794
	坊82-120	0.0293
	坊83-119	0.2114
	坊79-121	0.191
	坊平8	0.5989
	坊81-121(1)	0.1363
	坊80-121	0.1177

续表

注水井	生产井	连通系数
坊 81-128	坊 160-160	0.1243
	坊 82-128	0.2341
	坊 80-128	0.0823
	黄 62-11	0.0279
	坊 81-127	0.1011
坊 82-123	坊 82-122	0.1266
	坊 81-123	0.1094
	坊 82-120	0.104
	坊 83-123	0.0541
	坊 84-123	0.1019
	坊 81-122	0.0943
	坊 83-122	0.4437
坊 82-124	坊 83-124	0.0745
	坊 81-123	0.0764
	坊 82-125	0.107
	坊 84-123	0.046
	坊 81-125	0.1234
坊 82-126	坊 83-126	0.0051
	坊 81-127	0.1646
	坊 83-125	0.0766
	坊 82-127	0.0839
坊 84-121	坊 87-119	0.1009
	坊 82-120	0.1018
	坊 85-121	0.2966
	坊 85-122	0.1093
坊 84-124	坊平 2	0.0322
	坊 83-126	0.0149
	坊 84-125	0.2089
	坊 85-124	0.2043

续表

注水井	生产井	连通系数
坊 84-126	坊 84-125	0.0133
	坊 85-127	0.0096
	坊 85-126	0.0969
	坊 83-126	0.0061
坊 86-120	坊 89-117	0.1665
	坊 87-119(1)	0.1918
	坊 86-121	0.3764
	坊 87-121(1)	0.1241
坊 86-122	坊 84-123	0.0097
	坊 86-123	0.0806
	坊 86-123	0.0806
坊 86-124	坊 87-123	0.1347
	坊 85-126	0.0697
	坊 85-125	0.0587
	坊 87-125	0.0055
	坊 85-125	0.0587
坊 86-126	坊 87-125	0.0906
	坊 85-126	0.2726
	坊 85-126	0.2726
坊 88-120	坊 89-120	0.089
	坊 89-119	0.069
	坊 87-121	0.0414
	坊 88-121	0.1572
坊 88-120(1)	坊 87-119(1)	0.0139
	坊 90-118	0.0194
	坊 87-121(1)	0.3012
	坊 89-119	0.0116
	坊 90-117	0.2919

续表

注水井	生产井	连通系数
坊 88-122	坊 87-122	0.1163
	坊 88-121	0.0759
	坊 89-122	0.108
	坊 89-123	0.0131
	坊 89-121	0.2786
坊 88-124	坊 87-125	0.1761
	坊 88-125	0.1642
	坊 90-123	0.0658
	坊 88-123	0.0001
	坊 90-123	0.0658
坊 88-126	坊 87-125	0.4791
坊 90-119	坊 91-120	0.0095
	坊 89-119	0.1662
	坊 91-117	0.0226
	坊 90-121	0.0533
	坊 91-120	0.0861
	坊 90-118	0.0295
	坊 88-121(1)	0.2598
	坊 91-119	0.2862
坊 90-122	坊 89-122	0.0402
	坊 91-122	0.1888
	坊 90-123	0.339
	坊 90-121	0.3385
	坊 89-123	0.1293
黄 223-11	黄 224	0.2475
	黄 224-11	0.2929

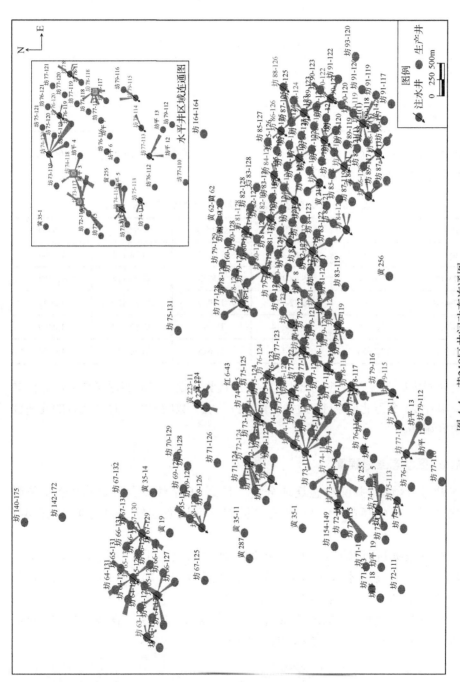

图 4-4 黄219区井间动态连通图

图中三角形的指向为连通方向，其长度代表连通系数的大小

对 215 个注采对应连通系数进行分析，连通系数小于 0.1 的占 41.4%，见表 4-5。

表 4-5 黄 219 区连通系数分类统计表

连通系数	<0.06	0.06～0.10	0.1～0.2	0.2～0.3	0.3～0.4	0.4～10
井数/口	55	34	48	32	16	30
所占总井数百分比/%	25.6	15.8	22.3	14.9	7.4	14.0

对井组所有的连通系数之和进行统计，井组所有连通系数大于 1 的有 15 个，占所有井组的 31%，见表 4-6。

表 4-6 黄 219 区连通系数大于 1 的井组统计表

井组	连通系数	井组	连通系数	井组	连通系数
坊 65-130	2.4937	坊 67-130	1.6806	坊 74-124	1.7666
坊 73-117	2.0742	坊 68-126	1.1573	坊 78-118	1.1067
坊 74-120	2.8609	坊 72-124	1.7059	坊 81-121	1.3640
坊 80-126	2.0170	坊 74-114	1.3192	坊 82-123	1.0340
坊 65-128	1.0956	坊 74-118	1.7618	坊 90-122	1.0358

对井间优势连通方向进行统计（图 4-5），优势连通方向即连通系数大的方向共 37 个，其中 23 个为北偏东 45°边井方向，占总统计数的 62%，且左上方的连通性比右边区域好。

三、盐 67 区动态连通程度

对盐 67 区进行井间动态连通分析，得到 30 个注采井组、111 个注采连通对应数据。其中新盐 110-99 等七个井组井间连通性好，如图 4-6、表 4-7 所示。

对所得数据进行统计归纳，井组所有连通系数大于 1 的仅 1 个，为新盐 102-97 井组，其连通系数 1.0262。连通系数小于 0.1 的占 53.2%，连通系数小于 0.3 的占 92.8%，见表 4-9 所示。

盐 67 区优势连通方向共统计 20 个，其中北偏东 45°边井方向为 8 个，占 40%，北偏西边井方向为 7 个，占 35%，如图 4-7 所示。

第四章 井间砂体连通性

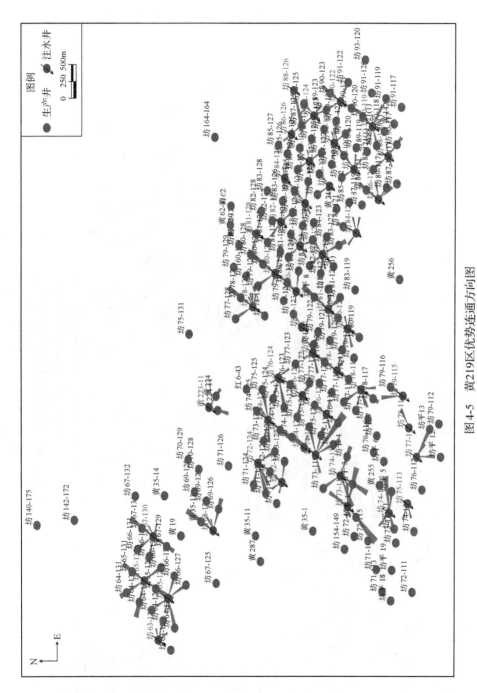

图 4-5 黄 219 区优势连通方向图
图中三角形的指向为连通方向，其长度代表连通系数的大小

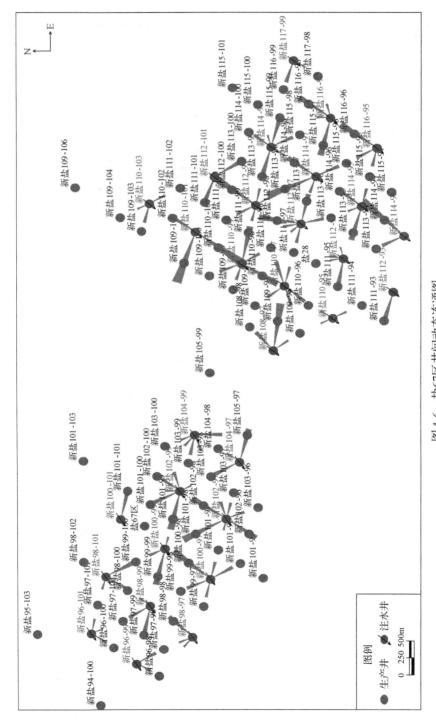

图 4-6 盐67区井间动态连通图

图中三角形的指向为连通方向，其长度代表连通系数的大小

表 4-7 盐 67 区井组间动态连通系数表

注水井	生产井	连通系数
新盐 96-99	新盐 96-98	0.0327
	新盐 97-98	0.0957
新盐 96-101	新盐 96-100	0.0569
	新盐 97-100	0.0005
	新盐 97-101	0.0353
新盐 98-97	新盐 96-98	0.0168
	新盐 97-98	0.0244
	新盐 98-98	0.1857
新盐 98-99	新盐 97-100	0.1234
	新盐 98-100	0.0111
	新盐 97-98	0.0004
	新盐 97-99	0.189
新盐 98-101	新盐 97-101	0.0253
	新盐 98-100	0.1192
	新盐 99-100	0.2228
新盐 100-97	新盐 100-98	0.3313
	新盐 99-97	0.0828
	新盐 101-96	0.1217
	新盐 99-98	0.1286
	新盐 101-97	0.064
新盐 100-99	新盐 99-99	0.2743
	新盐 99-100	0.0498
	新盐 101-99	0.006
新盐 100-101	新盐 101-101	0.1543
新盐 102-99	新盐 101-100	0.2348
	新盐 102-100	0.0899
	新盐 101-101	0.0231
	新盐 103-100	0.0867
	新盐 101-99	0.2969
	新盐 103-98	0.0011

续表

注水井	生产井	连通系数
新盐 102-97	新盐 101-98	0.3448
	新盐 103-96	0.0644
	新盐 103-98	0.0648
	新盐 102-96	0.2265
	新盐 103-97	0.0525
	新盐 102-98	0.264
	新盐 101-97	0.0092
新盐 104-97	新盐 103-98	0.2215
	新盐 104-98	0.034
	新盐 105-97	0.2345
新盐 104-99	新盐 103-98	0.0676
	新盐 103-99	0.1028
	新盐 102-100	0.0279
	新盐 105-97	0.1401
	新盐 103-100	0.0279
新盐 108-97	新盐 108-98	0.1324
	新盐 109-96	0.0552
	新盐 109-97	0.3765
新盐 110-101	新盐 109-97	0.3765
	新盐 110-100	0.4437
	新盐 110-102	0.095
新盐 110-103	新盐 109-103	0.0912
	新盐 109-104	0.0127
	新盐 111-102	0.0498
新盐 110-97	新盐 109-96	0.1003
	新盐 110-96	0.1344
	新盐 111-98	0.1494
	新盐 111-97	0.0849
	新盐 109-98	0.0846

续表

注水井	生产井	连通系数
新盐 110-99	新盐 110-98	0.2822
	新盐 111-98	0.077
	新盐 109-99	0.0671
	新盐 111-99	0.2766
	新盐 109-100	0.1082
新盐 110-95	新盐 109-96	0.0119
	新盐 110-96	0.0246
	新盐 111-94	0.0237
新盐 112-101	新盐 111-101	0.1899
	新盐 112-100	0.0111
	新盐 113-100	0.1899
新盐 112-97	新盐 111-97	0.0932
	新盐 113-96	0.1
	新盐 111-99	0.058
	新盐 111-99	0.058
	新盐 112-98	0.2878
	新盐 111-98	0.0155
新盐 112-95	新盐 111-95	0.1885
	盐 28	0.0118
	新盐 111-98	0.0155
	新盐 113-96	0.0037
新盐 112-93	新盐 111-93	0.217
新盐 112-99	新盐 111-99	0.054
	新盐 113-98	0.0252
	新盐 12-100	0.3258
	新盐 113-99	0.0567
	新盐 11-100	0.0878
新盐 114-93	新盐 113-94	0.1154
	新盐 114-94	0.4113

续表

注水井	生产井	连通系数
新盐 114-95	新盐 113-95	0.2516
	新盐 114-96	0.1195
	新盐 113-96	0.0263
	新盐 115-95	0.0709
新盐 114-97	新盐 113-97	0.0652
	新盐 115-96	0.1219
	新盐 113-98	0.3839
	新盐 114-98	0.2119
新盐 114-99	新盐 113-99	0.2428
	新盐 115-98	0.1104
	新盐 14-100	0.0817
	新盐 115-99	0.1705
	新盐 114-98	0.0401
	新盐 15-100	0.0073
新盐 116-97	新盐 115-97	0.2896
	新盐 117-98	0.0317
	新盐 115-99	0.0195
	新盐 115-99	0.0195
新盐 116-95	新盐 115-95	0.0851
	新盐 115-96	0.1021
	新盐 116-96	0.2998
新盐 117-99	新盐 116-99	0.129
	新盐 117-98	0.0163

表 4-8 盐 67 区连通系数分类统计表

标准值	<0.06	0.06~0.10	0.10~0.20	0.20~0.30	0.30~0.40	0.40~1.00
井数/口	39	20	26	18	5	3
所占百分比/%	35.1	18.01	23.4	16.2	4.5	2.7

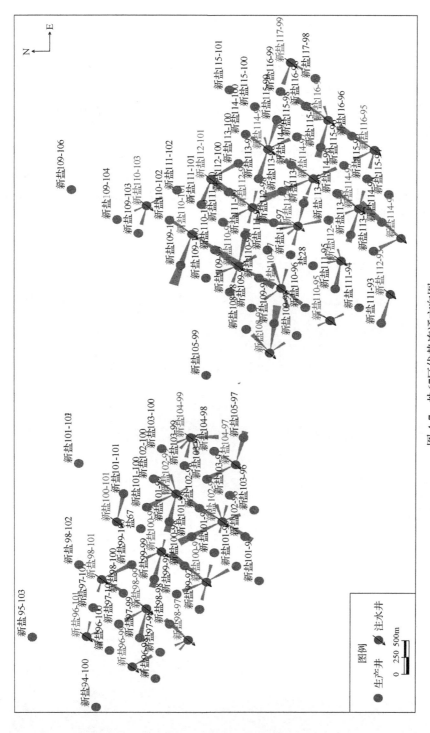

图 4-7 盐67区优势连通方向图

图中三角形的指向为连通方向，其长度代表连通系数的大小

本 章 小 结

由静态测井资料、油水井生产动态数据资料,结合现代数学优化理论,对注采井井间连通性进行了研究,得到如下认识:

(1)黄 219 区、盐 67 区静态连通程度较好。在沉积微相上靠近河道侧翼和分流间湾相的边井,连通程度差。

(2)通过生产动态关系和动液面统计,论证了井间动态连通方法适合本区域。

(3)储层动态连通程度偏低,有优势连通方向。黄 219 区连通系数小于 0.1 的占 41.4%,优势连通方向为北偏东 45°边井方向;盐 67 区连通系数小于 0.1 的占 53.2%,优势连通方向为北偏东 45°边井方向。

第五章 中高含水原因及控水稳油技术

第一节 综合含水率与高含水井现状

黄219区为中、高含水开采区块,对其中高含水的原因进行精细分析,运用已有的动态分析方法,提出相应的控水稳油技术策略(白喜俊等,2009;吕国祥等,2010;李成勇等,2010)。

2014年2月统计135口油井(共155口油井,待修9口,关井5口,其他原因6口),平均日产油2.25t,日产水4.2t,含水率62.1%;2011年8月开井61口,平均日产油4.35t,日产水6.1t,含水率54.4%,2014年2月产油水量下降幅度大,但含水率稍有上升,如表5-1、图5-1所示。

表5-1 黄219区含水率表

时间	井数/口	日产油/t	日产水/t	含水率/%
2010-08	2	1.8	1.5	65.6
2011-08	61	4.35	6.1	54.4
2012-08	130	3.31	5.2	57.3
2013-08	141	2.52	4.0	56.8
2014-02	135	2.25	4.2	62.1

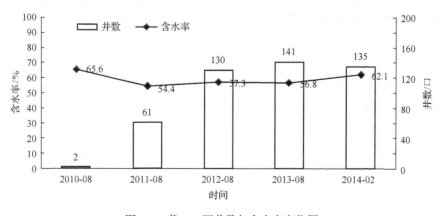

图5-1 黄219区井数与含水率变化图

统计已开发的 135 口油井，含水率大于 60%的井占 57.0%，含水率为 80%～90%的井占 17.0%，含水率大于 90%的井占 19.3%，如图 5-2 所示。由此说明，该区高含水是因为储层本身含水饱和度高，也就是成藏时，油驱水不够，导致储层含水多。

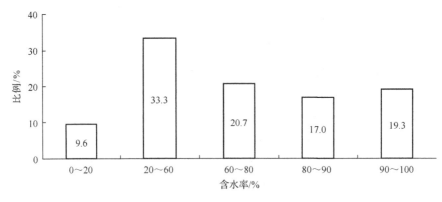

图 5-2 油井含水率分布统计图

第二节 高含水原因分析理论基础

一、产出水含盐数据统计分析

注水井注入时，其含盐量特别低，而地层水的含盐量则很高，因此通过产出水的含盐量，可以判断油井产出水是地层水，还是注水井注入水(李欢等，2012)。因此以含盐量作为地层水与注入水的划分标准，需要找到具体的含盐量标准值。采用以下两种方法来确定地层水划分标准值。

(一)方法一：近期开井且含水率大于80%的油井统计方法

对于近期开井且含水率特别大的油井，含水率几乎不会受注入水的影响，这些油井的产出水应该都是地层水，对这些油井含盐量进行统计，应该可以作为地层水含盐量的标准。通过对 21 口 2013 年 1 月以后开井的油井含盐量统计，得到其含盐量为 9852～74965mg·L^{-1}，大部分油井含盐量在 20000mg·L^{-1} 左右，其平均含盐量为 19210mg·L^{-1}，见表 5-2。

表 5-2 2013 年 1 月以后开井且含水率大的油井含盐量表

井号	层位	日产油/t	含水率/%	含盐量/(mg·L^{-1})
坊 64-127	长 9$_1$	1.52	84.9	17473
坊 64-129	长 9$_1$	0.11	95.5	16064
坊 64-130	长 9$_1$	0.00	100.0	15500
坊 65-129	长 9$_1$	1.82	85.9	13528
坊 65-131	长 9$_1^1$	0.37	93.9	74965
坊 66-127	长 9$_1^1$	0.44	92.6	19164
坊 66-128	长 9$_1^1$	0.23	92.9	21982
坊 66-129	长 9$_1$	5.61	25.9	20291
坊 66-130	长 9$_1$	3.81	49.6	12964
坊 66-131	长 9$_1$	0.72	91.7	12400
坊 67-129	长 9$_1$	1.81	78.1	9864
坊 67-131	长 9$_1^1$	0.30	97.0	15218
坊 69-126	长 9$_1$	0.48	95.2	17755
坊 69-128	长 9$_1$	0.42	77.8	23109
坊 70-128	长 9$_1$	2.05	79.7	20855
坊 72-111	长 9$_1$	2.10	77.0	14729
坊 74-112	长 9$_1$	0.51	66.3	16571
坊平 12	长 9$_1$	2.04	83.6	19201
坊平 18	长 9$_1$	1.67	68.7	14729
黄 35-13	长 9$_1$	0.83	93.1	17473
黄 35-14	长 9$_1$	0.36	71.3	9582

(二)方法二:含水率一直保持稳定的油井含盐量统计方法

由于含水率从开井一直稳定,统计这些含水率基本不变的生产井,则基本可以肯定产出水来源于地层水。

本书共统计 39 口油井(表 5-3),其中西部 3 口,平均含盐量为 18142mg·L^{-1};中部 19 口,平均含盐量为 18946mg·L^{-1};东部 13 口,平均含盐量为 23349mg·L^{-1};水平井区域 4 口,平均含盐量为 16937mg·L^{-1}。黄 219 区平均含盐量为 19343mg·L^{-1}。

表 5-3 各区域 39 口油井含盐量统计表

西部区域		中部区域		东部区域		水平井区域	
井号	含盐量/(mg·L^{-1})	井号	含盐量/(mg·L^{-1})	井号	含盐量/(mg·L^{-1})	井号	含盐量/(mg·L^{-1})
坊 64-128	19122	坊 69-127	21362	坊 79-116	20670	坊平 12	20064
坊 64-131	16650	坊 70-129	17900	坊 79-122	16135	坊平 18	15428
坊 67-132	18654	坊 71-122	22900	坊 80-121	17352	坊平 4	15893
		坊 71-123	22761	坊 81-126	18008	坊平 6	16364
		坊 71-124	17792	坊 85-127	47890		
		坊 72-111	14232	坊 87-125	20472		
		坊 72-115	19858	坊 88-121	18007		
		坊 72-123	18532	坊 89-117	20101		
		坊 73-113	19051	坊 89-121	20572		
		坊 73-119	18927	坊 90-117	22808		
		坊 73-123	18062	坊 90-118	42021		
		坊 74-112	17211	坊 91-117	22244		
		坊 74-122	20054	坊 91-119	17258		
		坊 74-125	21645				
		坊 75-119	16837				
		坊 75-125	17354				
		坊 77-119	17717				
		坊 77-120	15248				
		坊 77-128	22530				
平均值	18142		18946		23349		16937

综合上面两种方法，黄 219 区以含盐量 20000mg·L^{-1} 作为地层水划分标准。

二、理论见水公式

如果圆形地层中心有一口生产井，供给半径为 r_e，供给压力为 P_e，井底半径为 r_w，井底流压为 P_w，原始油水界面到地层中心的距离为 r_0。设经过时间 t 以后，油水界面运动到了距地层中心距离 r 处。由于液体作径向渗流，原始油水界面与目前油水界面都是同心圆，并设两界面上的压力分别为 P_1 和 P_2。根据平面径向活塞式水驱油油水界面的运动规律，如果油水界面到达井底，则见水时间 T 为（计秉玉等，2000）：

$$T = \frac{\phi}{K(P_e - P_w)} \left\{ \frac{\mu_w}{2} (r_0^2 - r_w^2) \ln \frac{r_e}{r_0} + \frac{u_w}{2K_{rw}} \left[\frac{1}{2} (r_0^2 - r_w^2) - r_w^2 \ln \frac{r_0}{r_w} \right] \right.$$
$$\left. + \frac{u_0}{2K_{r0}} \left[r_0^2 \ln \frac{r_0}{r_w} - \frac{1}{2} (r_0^2 - r_w^2) \right] \right\} \tag{5-1}$$

三、储层含油性特征

黄 219 区共收集 144 口井射孔段数据(表 5-4),其中坊 87-124 井、坊 77-114 井两口井射孔段不在长 9_1 层。通过试油结果与生产动态分析:油层井为 5 口,占 4%;油水同层井为 135 口,占 94%;含油水层井为 4 口,占 3%。通过含水率情况可知,黄 219 区自身含水率高。由此可以判断,高含水原因可能是因为自身含水高或者底水上窜。

表 5-4 射孔段试油和生产数据统计表

位置	井数/口	试油结果			生产动态		
		日产油/t	日产水/m³	含水率/%	日产油/t	日产水/m³	含水率/%
油层	5	11.56	0	0	4.26	6.40	57
油水同层	135	3.24	18.26	85	2.76	5.94	60
含油水层	4	2.70	20.40	86	0.48	1.27	69

四、微构造分析

微构造是指在总的油田构造背景下,油层本身的微细起伏变化所显示的构造特征,其幅度和范围均很小。通常相对高度差在 15m 左右,长度在 500m 以内,宽度在 200~400m,面积很少超过 $0.3km^2$。因此,直接以油层顶面(或底面)实际资料绘制小等间距(一般是 2m、4m 或 5m)构造图,即可消除常规构造图的弊端,显示出油层微构造特征。

微型构造可以分为正向微型构造、负向微型构造和斜面微型构造。正向微型构造有小高点、鼻状构造和小断鼻:①小高点指储层顶底起伏形态与周围地形相比相对较高,而等值线闭合的微地貌单元,其幅度差一般为 2~4m,闭合面积一般为 0.11~$0.12km^2$。②鼻状构造指储层顶底起伏形态与周围地形相比相对较高,而等值线不闭合的微地貌单元,一般与沟槽地貌单元相伴生,面积一般为 0.13~$0.14km^2$。③小断鼻指在上倾方向被断层切割的鼻状构造。

负向微型构造有小低点、小沟槽和小断沟:①小低点指储层顶底起伏形态与周围地形相比相对较低,而等值线又闭合的微地貌单元,其幅度差一般为 2~4m,闭合面积一般为 $0.12km^2$。②小沟槽是对应于鼻状构造的微地貌单元,其形态与鼻状构造相对应，只是方向相反，是指不闭合的低洼处。③小断沟指在下倾方向被断层切割的鼻状构造。

对微构造的分析和统计，如图 5-3、图 5-4 所示，全区鼻状构造和小沟槽微构造发育个数最多，且鼻状构造全区发育且面积较大，小断沟和小断鼻发育个数相对较少。位于小沟槽与鼻状构造上的生产井含水率主要集中在 50%～70%。位于小高点与小低点上的生产井含水率主要集中在 40%～50%。

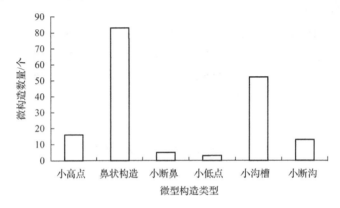

图 5-3　长 9_1 微型构造发育数目统计

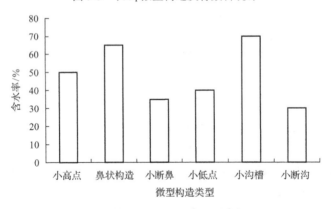

图 5-4　长 9_1 位于微型构造井含水率

通过分析可以得到以下结论：

(1) 正向微型构造为有利的油气聚集区，负向微型构造为不利的油气聚集区。

(2) 正向微型构造区剩余油饱和度高，负向微型构造区剩余油饱和度低，斜面微型构造剩余油饱和度介于两者之间。剩余油富集区不仅局限于构造顶部，低部位的正向微型构造，也是剩余油富集区。

(3) 在确定加密井井位时，向上驱油比向下驱油效果好，应尽可能使生产井处于向上驱油部位，采取"正采负注"原则。即在正向微型构造上布生产井，负向微型构造上布注水井,在老井改换生产层位时也应如此考虑,这将减少低效井。基础井网完钻后,应立即进行油层微型构造研究,这样有利于指导井网完善时确定井别。

第三节 高含水井精细分析

根据黄 219 区现有注采井井间连通栅状图、射孔段电性解释成果、吸水剖面、注采动态连通系数、理论见水时间及含盐分析六个方面,对五口典型高含水油井进行诊断,综合六种方法结果,对该五口典型油井提出了相应的治理对策。

一、坊 86-121 井

坊 86-121 井在长 9_1 层位,于 2011 年 9 月投产,初始含水率为 65%,2014 年 2 月含盐量为 20291mg·L^{-1}。该井与两口注水井坊 86-120 井和坊 88-120 井对应,坊 86-120 井于 2011 年 9 月投注,坊 88-120 井于 2012 年 6 月投注。

(1)通过注采井间静态连通栅状图分析可知,小层对应关系不好,中间有小的隔层,坊 86-121 井应该往上补孔,如图 5-5(a)所示。

(2)坊 86-121 井含水饱和度高,试油产水多。电测解释结果显示含水饱和度为 47.93%,试油结果显示长 9_1^1 层日产油 3.3m³,日产水 37.5m³。

(3)注采曲线和连通系数显示,注水井坊 88-120 井对坊 86-121 井的影响比坊 86-120 井要小,如图 5-5(b)、表 5-5 所示。

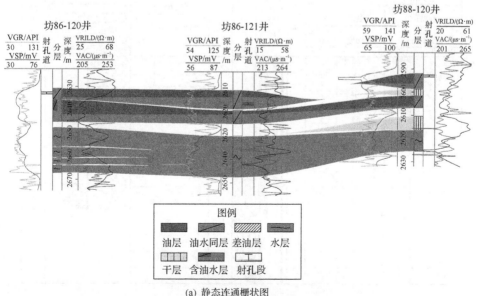

(a) 静态连通栅状图

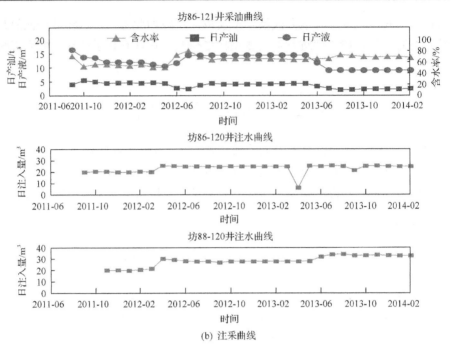

(b) 注采曲线

图 5-5　坊 86-121 井与周围注水井静态连通栅状及动态图

(4) 坊 88-120 井吸水剖面呈尖峰状吸水，容易发生水窜，如图 5-6 所示。

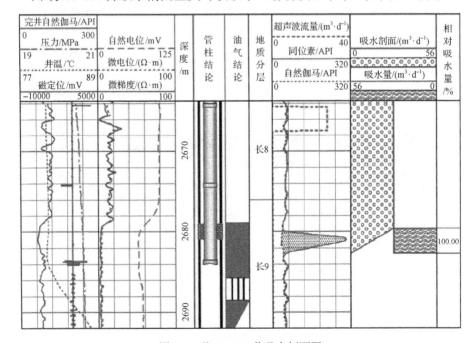

图 5-6　坊 88-120 井吸水剖面图

(5) 从一注一采理论见水时间上看,注水井注入时间达到见水时间。初步判断高含水的原因有部分注入水,见表 5-5。

表 5-5 坊 86-121 注采井组相关数据统计表

注水井	井距/m	连通系数	理论见水时间/天
坊 86-120	304.63	0.3764	113.86
坊 88-120	382.10	0	136.41

(6) 从水分析含盐情况看,2014 年 2 月含盐量为 20291mg·L^{-1},比地层水含盐量高。

综合六种分析方法,可以得出坊 86-121 井高含水的原因是其产水主要来源于地层水。治理对策为:坊 86-121 井小层与注水井射孔段不对应,中间有隔层,建议往上补孔;坊 88-120 井吸水剖面呈尖峰状,建议调剖。

二、坊 90-123 井

坊 90-123 井在长 9_1 层位,于 2012 年 5 月投产,初始含水率为 50%,2014 年 2 月含盐量为 22546mg·L^{-1}。该井与一口注水井坊 90-122 井对应,坊 90-122 井于 2012 年 6 月投注。

(1) 通过注采井间静态连通栅状图分析可知,小层对应关系好,无底水,如图 5-7(a)所示。

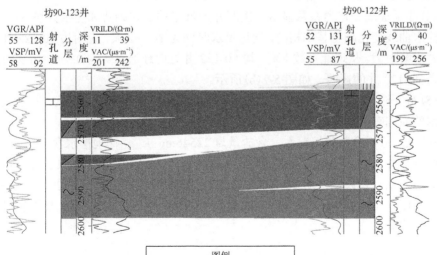

(a) 静态连通栅状图

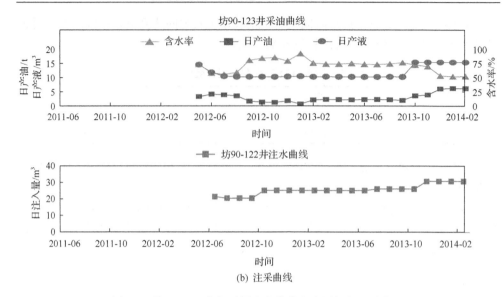

图 5-7 坊 90-123 井与周围注水井静态连通栅状及动态图

(2)坊 90-123 井含水饱和度高，试油不产油，产水也少。电测解释结果显示含水饱和度为 48.46%，试油结果显示长 9_1^1 层日产油为 0，日产水 3.6m³，含水率为 100%。

(3)无吸水剖面及产液剖面，无法判断是否有高渗带。

(4)注采曲线和连通系数显示，生产井产液量的变化趋势和注水井坊 90-122 井的注水曲线变化趋势基本相同，理论见水时间为 148.62 天，说明坊 90-122 井对生产井影响较大。从连通系数上看，坊 90-122 井方向连通系数为 0.339。坊 90-122 井对坊 90-123 井的影响，如图 5-7(b)所示。

(5)从一注一采理论见水时间上看，注水井注入时间达到见水时间。初步判断高含水的原因有部分注入水，见表 5-6。

(6)从水分析含盐量情况看，含盐量为 22546mg·L⁻¹，比地层水含盐量高。

综合分析认为，该井高含水的原因主要来源于地层水，部分来源于坊 90-122 井方向注入水，建议调剖坊 90-122 井。治理对策：截至 2014 年 2 月，生产井含水率为 50%，含水率为已经下降 20%，且动态显示生产井生产良好，建议暂时不采取治理措施。

三、坊 88-123 井

坊 88-123 井在长 9_1 层位，于 2011 年 5 月投产，初始含水率为 70%，2014 年 2 月含盐量为 20291mg·L⁻¹，该井与两口注水井坊 88-122 井和坊 88-124 井对应。坊 88-124 井于 2011 年 11 月投注，坊 88-124 井于 2011 年 8 月投注。

(1)通过注采井间静态连通栅状图分析可知,坊 88-123 井与对应水井射孔段小层对应关系较好,无底水,如图 5-8(a)所示。

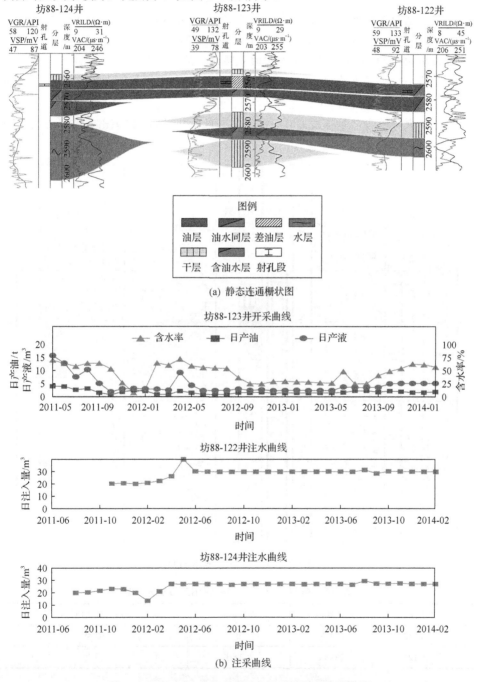

图 5-8　坊 88-123 井与周围注水井连通栅状及动态图

(2) 坊 88-123 井差油层及试油产水多，电测解释结果显示含水饱和度为 60%，试油结果显示长 9_1^1 层日产油 3.6m³，日产水 18.6m³。

(3) 注采曲线和连通系数显示，注水井坊 88-124 井对坊 88-123 井有影响趋势，但对产液量基本没有影响，如图 5-8(b)、表 5-6 所示。

(4) 坊 88-124 井吸水剖面呈多尖峰状吸水，容易发生水窜，如图 5-9 所示。

(5) 从一注一采理论见水时间上看，注水井注入时间达到见水时间，初步判断高含水的原因有部分注入水，见表 5-7。

(6) 从水分析含盐量情况看，2013 年 2 月含盐量为 20291mg·L⁻¹，比地层水含盐量高。

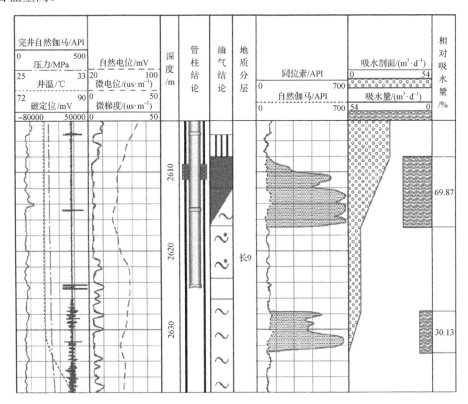

图 5-9 坊 88-124 井吸水剖面图

表 5-6 坊 88-123 井注采井组相关数据统计表

注水井	井距/m	连通系数	理论见水时间/天
坊 88-122	294.74	0	62.48
坊 88-124	286.01	0.0001	39.25

综合分析认为，坊 88-123 井高含水的原因主要来源于地层水。治理对策：由于动态几乎不连通，建议酸化或重复压裂改善连通性。

四、坊 79-120 井

坊 79-120 井在长 9_1 层位，于 2011 年 5 月投产，初始含水率为 60%左右，2014 年 2 月含盐量为 14091mg·L^{-1}。该井与两口注水井坊 78-120 井和坊 80-120 井对应，坊 78-120 井于 2012 年 5 月投注，坊 80-120 井于 2011 年 11 月投注。

(1) 通过注采井间静态连通栅状图分析可知，小层对应关系好。坊 79-120 井与对应注水井坊 78-120 井和坊 80-120 井射孔段处小层对应关系均较好，无底水，如图 5-10(a)所示。

(2) 坊 79-120 井含水饱和度高，试油不产油，产水非常少。电测解释结果显示含水饱和度为 54.12%，试油结果显示长 9_1^1 层日产油为 0，日产水 0.9m³。

(3) 注采曲线和连通系数显示，注水井坊 80-120 井对坊 79-120 井的影响比坊 78-120 井要大，如图 5-10(b)、表 5-8 所示。

(4) 坊 80-120 井吸水剖面呈尖峰状吸水，且下部吸水强，容易发生水窜，如图 5-11 所示。

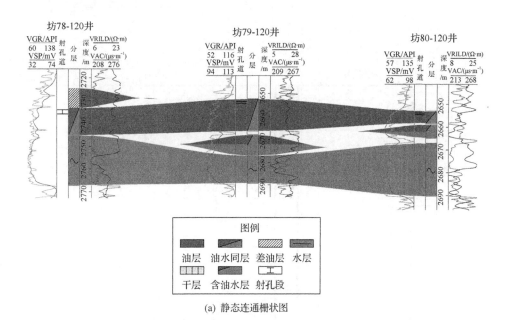

(a) 静态连通栅状图

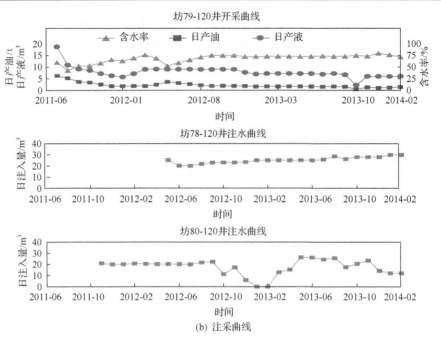

(b) 注采曲线

图 5-10 坊 79-120 井与周围注水井静态连通栅状及动态图

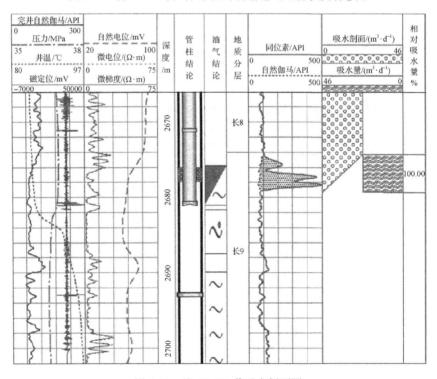

图 5-11 坊 80-120 井吸水剖面图

(5) 从一注一采理论见水时间上看，注水井注入时间达到见水时间。初步判断高含水的原因有部分注入水，见表 5-7。

(6) 从水分析含盐情况看，2013 年 2 月含盐量为 14091mg·L^{-1}，比地层水含盐量低。

表 5-7　注采井间相关数据统计表

注水井	井距/m	连通系数	理论见水时间/天
坊 78-120	295.47	0.0693	140.27
坊 80-120	295.47	0.1349	181.03

综合分析认为，坊 79-120 井高含水的原因主要来源于坊 80-120 井方向的注水，部分来源于地层水。治理对策：建议调剖坊 80-120，选择性堵住高渗层。

五、坊 75-122 井

坊 75-122 井在长 9_1 层位，于 2011 年 10 月投产，初始含水率为 50%左右，2014 年 2 月含盐量为 21086mg·L^{-1}。该井与两口注水井坊 74-121 井和坊 76-122 井对应，坊 74-121 井于 2012 年 8 月开始投注，坊 76-122 井于 2011 年 8 月开始投注。

(1) 通过注采井间静态连通栅状图分析可知，小层对应关系，坊 75-122 井对应注水井坊 76-122 井的射孔段小层对应关系较好，与坊 74-121 井对应关系较差，有底水，存在错层，如图 5-12(a)所示。

(2) 坊 75-122 井含水饱和度高，试油不产油，产水非常多。电测解释结果显示含水饱和度为 48.90%，试油结果显示长 9_1^1 层日产油为 0，日产水 27m^3。

(3) 注采曲线和连通系数显示，生产井受坊 76-122 井影响大，而坊 74-121 井注水后，不能显示对生产井的影响。从动态连通系数上看，坊 76-122 井方向有动态连通系数，动态连通性较好，如图 5-12(b)、表 5-8 所示。

(4) 坊 76-122 井吸水剖面呈尖峰状吸水，且下部吸水强，容易发生水窜，如图 5-13 所示。

(5) 从一注一采理论见水时间上看，注水井注入时间达到见水时间。初步判断高含水的原因有部分注入水，见表 5-8。

(6) 从水分析含盐情况看，2 月份含盐为 21086mg·L^{-1}，比地层水含盐高。

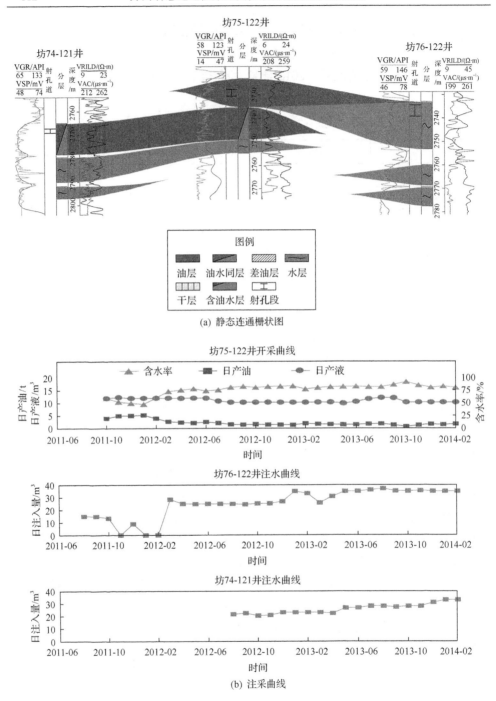

图 5-12 坊 75-122 井与周围注水井静态连通栅状及动态图

第五章 中高含水原因及控水稳油技术 ·113·

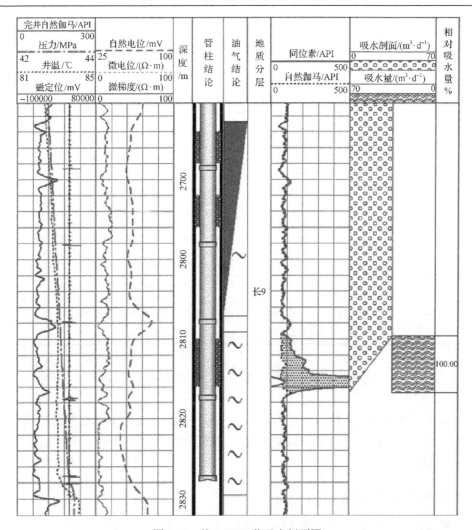

图 5-13 坊 76-122 井吸水剖面图

表 5-8 注采井间相关数据统计表

注水井	井距/m	连通系数	理论见水时间/天
坊 74-121	424.72	0	190.56
坊 76-122	296.00	0.2419	258.60

综上所述，通过砂体的电性解释可以看出，坊 75-122 井含水饱和度适中，因此判断该井高含水的主要原因是油层自身含水饱和度较高，部分来源于坊 76-122 井方向注入水。治理对策：建议调剖坊 76-122 井高渗段，坊 75-122 井下部补孔。

高含水油井由于其初始含水率因此可将其含水来源分为地层水（高含水主要来源，占 70.2%）和部分注入水（高含水次要来源，占 29.8%）两大类。地层水油井又细分为三类(无需措施井、需要补孔井、改善动态连通性井)，部分注入水细分为两类(调剖、调剖+补孔)。改善动态连通性井最多，占40.4%，调剖井也比较多，占23.4%，具体归纳总结见表5-9。

表5-9 高含水油井治理措施分类

分类	分类标准	小类	井数/口	井号	井数比例/%
I	含水为地层水	无需措施井	7	坊73-119井、坊73-122井、坊86-123井、坊87-122井、坊89-122井、坊90-121井、坊90-123井	14.9
		需要补孔井	7	坊71-124井、坊73-123井、坊73-124井、坊74-122井、坊79-116井、坊86-121井、坊88-125井	14.9
		改善动态连通性井	19	坊71-122井、坊71-123井、坊72-116井、坊75-119井、坊75-120井、坊75-121井、坊75-123井、坊75-124井、坊77-122井、坊79-119井、坊85-125井、坊86-125井、坊87-119井、坊87-125井、坊88-123井、坊89-120井、坊89-123井、坊90-120井、坊91-122井	40.4
II	有部分注入水	调剖	11	坊72-123井、坊75-125井、坊76-121井、坊76-123井、坊78-119井、坊79-120井、坊79-121井、坊79-122井、坊80-121井、坊85-123井、坊89-119井	23.4
		调剖+补孔	3	坊75-122井、坊77-120井、坊78-121井	6.4

第四节 合理的初期改造措施效果

从单井含水率分布图可以看出，低含水率井零星分布，主要集中在左下和右上部分井。基于高含水井的相对集中性，选择了四个研究区域进行重点研究，如图5-14所示。

一、西部区域初期改造

西部区域共有18口井的初期改造规模,其施工参数如下：砂量$5m^3$、砂比21%、排量$0.9m^3 \cdot min^{-1}$、入地总液量$42m^3$、返排总液量$18m^3$。从西部区域改造效果(表5-10、图5-15)可以看出，改造后产油多、产水少，说明这种压裂改造措施比其他方式优越。

二、中部区域初期改造

中部区域共统计17口井的初期改造规模，其施工参数如下：砂量$5m^3$、砂比21%、排量$1m^3 \cdot min^{-1}$、入地总液量$42m^3$、返排总液量$15m^3$。从中部区域改造效果(表5-11)可以看出，改造后产油多，产水少，说明这种压裂改造措施比其他方式优越。

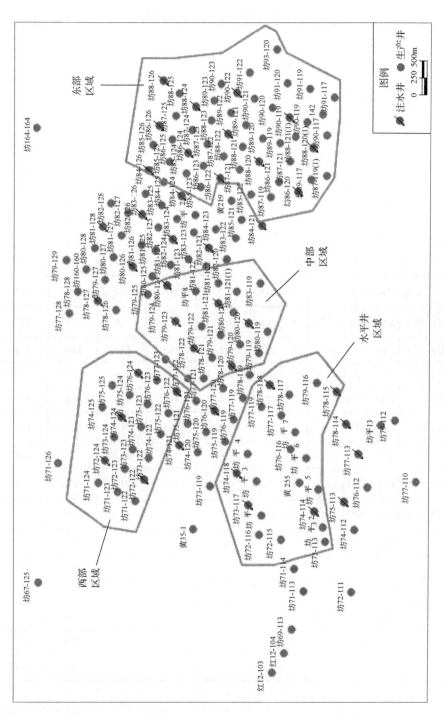

图5-14 黄河区改造规模重点分析区域图

表 5-10　西部区域改造规模及成果表

井号	试油层位	射孔井段/m	措施方式	施工参数					试油成果	
				砂量/m³	砂比/%	排量/(m³·min⁻¹)	入地总液量/m³	返排总液量/m³	日产油量/(m³·d⁻¹)	日产水量/(m³·d⁻¹)
坊71-122	长9	2779~2781	压裂	3	19.9	0.8	30.2	29.7	油花	24.6
坊71-123	长9	2758~2760		3	22.5	0.8	28.1	15.2	油花	40.2
坊72-123	长9₁¹	2831~2833		3	19.9	0.8	34.3	28.5	5.4	18.9
平均值				3	20.8	0.8	30.9	24.5	5.4	27.9
坊72-124	长9₁¹	2849~2851	压裂	5	19.6	1.0	44.5	4.0	油花	14.4
坊73-122	长9	2800~2803		5	19.9	0.8	43.3	40.2	4.2	21.0
坊74-122	长9₁¹	2762~2764		5	19.8	0.8	43.2	32.6	2.7	14.7
坊74-123	长9₁¹	2742~2745		5	24.6	1.0	39.2	38.3	3.5	22.2
坊74-124	长9₁¹	2868~2871		5	20.1	0.8	43.1	0.0	6.3	3.2
坊74-125	长9	2765~2767		5	20.7	0.8	42.2	31.0	油花	22.5
坊75-123	长9₁¹	2769~2771		5	25.6	1.0	37.3	0.0	油花	35.7
坊75-124	长9	2797~2799		5	19.7	1.0	44.5	13.8	9.3	26.7
坊76-123	长9₁¹	2748~2751		5	25.0	1.0	38.5	0.0	油花	41.4
平均值				5	21.7	0.9	41.8	17.8	5.2	22.4
坊71-124	长9₁¹	2768~2771	压裂	8	25.6	1.0	54.5	43.5	油花	33.0
坊73-124	长9₁¹	2851~2854		8	24.6	1.0	51.9	40.5	油花	42.0
平均值				8	25.1	1.0	53.2	42.0	0	37.5
坊75-122	长9₁	2827~2831	酸化	8					油花	27.0
坊75-125	长9₁	2759~2763		10					0.0	3.9
坊72-122	长9₁	2825~2829	缓蚀酸	30				2.3	0.0	17.7
坊73-123	长9₁	2761~2764	酸化	40				15.0	油花	26.1
平均值				22				8.6	0	18.7

第五章 中高含水原因及控水稳油技术

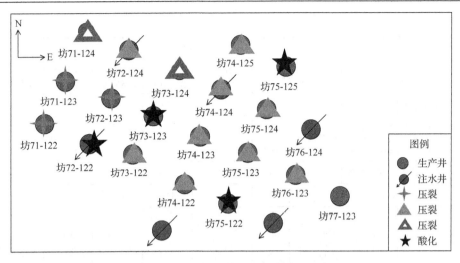

图 5-15 西部区域初期改造规模井位示意图

表 5-11 中部区域改造规模及成果表

井号	试油层位	射孔井段/m	措施方式	施工参数					试油成果	
				砂量/m^3	砂比/%	排量/$(m^3·min^{-1})$	入地总液量/m^3	返排总液量/m^3	日产油量/$(m^3·d^{-1})$	日产水量/$(m^3·d^{-1})$
坊81-121	长9_1	2764~2766	酸化						0.0	2.4
坊79-121	长9	2719~2722	爆燃酸化						油花	18.9
坊79-122	长9_1	2751~2753		5					油花	0.9
坊81-122	长9_1	2716~2718		5		0.2			0.0	15.9
坊79-120	长9_1	2713~2715	酸化	8		0.2~0.3			0.0	0.9
坊81-121(1)	长9	2667~2670		30					5.1	8.4
平均值						0.25			1.3	7.9
坊78-122	长9_1^1	2693~2695	压裂	3	21.0	0.8	32.9	8.4	油花	30.6
坊80-121	长9	2674~2676		3	19.7	0.8	32.9	1.0	油花	11.4
平均值				3	20.4	0.8	32.9	4.7	0.0	21.0
坊78-120	长9_1^1	2805~2808		5	20.4	0.8	45.6	4.6	0.0	36.9
坊78-121	长9_1^1	2825~2827	压裂	5	19.8	1.0	44.4	34.1	3.6	13.5
坊79-119	长9_1^1	2736~2739		5	24.0	1.0	35.1	34.3	4.8	26.7
坊79-123	长9_1^1	2725~2727		5	20.0	1.0	42.7	3.6	0.0	27.9

续表

井号	试油层位	射孔井段/m	措施方式	施工参数					试油成果	
				砂量/m³	砂比/%	排量/(m³·min⁻¹)	入地总液量/m³	返排总液量/m³	日产油量/(m³·d⁻¹)	日产水量/(m³·d⁻¹)
坊79-124	长9₁	2680~2683	压裂	5	20.2	0.8	41.6	37.8	1.5	7.8
坊80-119	长9	2708~2710		5	20.0	1.0	43.1	2.0	0.0	26.1
坊80-120	长9	2676~2678		5	19.5	1.0	44.3	1.5	油花	7.5
坊83-119	长9	2698~2700		5	20.0	1.0	42.6	2.0	8.1	15.6
平均值				5	20.5	1.0	42.4	15.0	2.6	20.3
坊平8	长9	3155.89 3106.23 3116.85	水力喷射分段压裂	未压开				174.1	油花	64.8
平均值									0.0	64.8

三、东部区域初期改造

东部区域共统计 44 口井的初期改造规模,其施工参数如下:砂量 $10m^3$、砂比 23%、排量 $1m^3·min^{-1}$、入地总液量 $65m^3$、返排总液量 $37m^3$。从东部区域改造效果(表 5-12)可以看出,改造后产油多、产水少,说明这种压裂改造措施比其他方式优越。

表 5-12 东部区域改造规模及成果表

井号	试油层位	射孔井段/m	措施方式	施工参数					试油成果	
				砂量/m³	砂比/%	排量/(m³·min⁻¹)	入地总液量/m³	返排总液量/m³	日产油量/(m³·d⁻¹)	日产水量/(m³·d⁻¹)
坊86-122	长9₁	2659~2661	酸化	5					0.0	9.3
坊89-121	长9₁	2645~2647		6					0.0	7.2
坊88-124	长9₁	2609~2611		8					0.0	15.0
坊90-117	长9	2624~2627		8		0.2			油花	3.6
坊90-118	长9	2614~2617		8		0.2			0.0	9.3
坊91-120	长9	2612~2615		15		0.2			0.0	18.3
平均值				8.3		0.2			0.0	10.5
坊85-126	长9₁¹	2643~2646	压裂	3	19.8	0.8	32.8	29.4	3.6	27.0
坊86-126	长9₁	2688~2670		3	20.1	0.8	42.9	35.2	油花	11.4

续表

井号	试油层位	射孔井段/m	措施方式	砂量/m³	砂比/%	排量/(m³·min⁻¹)	入地总液量/m³	返排总液量/m³	日产油量/(m³·d⁻¹)	日产水量/(m³·d⁻¹)
坊87-119(1)	长9₁¹	2764~2766	压裂	3	20.7	1.0	33.3	4.5	油花	20.1
坊88-121	长9₁¹	2678~2680		3	19.7	0.8	32.9	20.3	5.4	20.7
坊89-122	长9₁¹	2585~2587		3	21.4	0.8	30.3	7.8	油花	31.2
平均值				3	20.3	0.8	34.4	19.4	4.5	22.1
坊89-120	长9₁¹	2643~2645		5	24.6	1.2	116.1	88.4	1.20	44.10
坊87-121	长9₁	2662~2664		5	20.2	0.8	43.3	9.1	油花	31.8
坊87-122	长9₁	2705~2707		5	21.1	0.8	42.7	86.0	油花	29.1
坊87-125	长9₁	2608~2610		5	20.3	0.8	43.7	4.0	4.5	34.8
坊93-120	长9₁	2582~2584		5	19.3	0.8	44.7	42.4	油花	9.6
坊85-123	长9₁	2640~2643		5	26.3	1.0	36.5	0.0	油花	20.7
坊85-124	长9₁¹	2619~2622		5	25.1	1.0	37.6	0.0	油花	24.6
坊85-125	长9₁	2636~2638		5	20.0	1.0	40.4	0.0		
坊86-120	长9₁	2815~2817		5	25.0	1.0	38.4	9.0	油花	32.4
坊86-121	长9₁	2618~2620		5	20.2	1.0	41.2	6.0	3.3	37.5
坊86-123	长9₁	2670~2672		5	24.8	1.0	37.7	0.0	0.0	19.8
坊86-124	长9₁	2676~2678	压裂	5	20.4	1.0	40.1	0.0	9.0	17.1
坊87-121(1)	长9₁	2648~2652		5	24.3	1.0	38.2	35.1	1.2	22.8
坊87-123	长91	2667~2669		5	19.6	1.0	43.1	8.5	9.6	22.8
坊88-120	长9₁	2679~2681		5	20.1	0.8	40.8	3.1	油花	34.5
坊88-120(1)	长9₁¹	2658~2662		5	24.6	1.0	38.3	36.0	4.2	24.0
坊88-121(1)	长9₁¹	2608~2612		5	24.6	1.0	37.7	25.4	2.1	23.4
坊88-122	长9₁¹	2621~2623		5	20.3	0.8	41.3	9.8	油花	24.9
坊88-125	长9	2577~2579		5	20.4	0.8	42.7	11.0		
坊89-117	长9₁	2714~2716		5	20.4	1.0	41.2	3.2	油花	31.2
坊89-119	长9₁	2602~2604		5	19.9	0.8	42.6	27.9	7.2	18.9
坊89-123	长9₁¹	2690~2693		5	24.6	1.0	39.0	24.0	2.1	33.6

续表

井号	试油层位	射孔井段/m	措施方式	施工参数					试油成果	
				砂量/m³	砂比/%	排量/(m³·min⁻¹)	入地总液量/m³	返排总液量/m³	日产油量/(m³·d⁻¹)	日产水量/(m³·d⁻¹)
坊90-119	长9₁¹	2599~2603	压裂	5	24.6	1.0	40.0	37.5	油花	25.2
坊90-120	长9₁	2614~2618		5	24.8	1.0	38.4	36.4	1.5	25.5
坊90-121	长9₁	2662~2666		5	24.4	1.0	38.1	36.8	油花	24.6
坊90-122	长9₁¹	2690~2693		5	25.0	1.0	38.8	17.5	0.0	30.6
坊90-123	长9₁	2637~2640		5	24.9	1.0	38.7	33.1	0.0	3.6
坊91-119	长9₁¹	2671~2674		5	25.4	0.8	37.2	32.0	油花	17.7
坊91-122	长9₁	2686~2689		5	19.5	1.2	43.8	41.9	油花	38.4
平均值				5	22.6	1.0	42.8	22.9	3.3	26.0
坊87-119	长9₁	2701~2703	压裂	8	35.5	1.0	49.7	3.9	油花	34.2
坊88-123	长9₁	2685~2687		8	20.3	1.0	58.6	0.0	3.6	18.6
平均值				8	27.9	1.0	54.2	2.0	3.6	26.4
坊87-124	长9₁	2676~2678	压裂	10	20.6	1.0	72.4	68.1	34.20	0.00
坊86-125	长9₁	2676~2678		10	25.3	1.0	58.5	6.0	2.5	10.3
平均值				10	23.0	1.0	65.5	37.1	18.4	5.2

四、水平井区域初期改造

水平井区域共统计 7 口井的初期改造规模，其施工参数如下：砂量 2m³、砂比 11%、排量 0.8m³·min⁻¹、入地总液量 51.6m³、返排总液量 104m³。从水平井区域改造效果（表 5-13）可以看出，改造后产油多、产水少，说明这种压裂改造措施比其他方式优越。

表 5-13 水平井改造规模及成果表

井号	试油层位	射孔井段/m	措施方式	施工参数					试油成果	
				砂量/m³	砂比/%	排量/(m³·min⁻¹)	入地总液量/m³	返排总液量/m³	日产油量/(m³·d⁻¹)	日产水量/(m³·d⁻¹)
坊平6	长9	3493.48	水力喷射分段压裂	2	11.0	0.8	51.6	104.0	24.9	12.6
坊平1	长9	3509.84		3	12.1	0.8	61.8	116.3	13.6	30.0
坊平3	长9	3442.21		3	16.0	0.8	33.0	117.4	36.6	17.4
坊平4	长9	3323.08		3	16.4	0.8	46.2	191.9	3.0	34.5
坊平5	长9	3445.92		3	15.0	0.8	48.8	96.3	7.5	44.4
坊平7	长9	3562.67		3	15.4	0.8	48.5	295.4	7.2	44.4

续表

井号	试油层位	射孔井段/m	措施方式	施工参数					试油成果	
				砂量/m³	砂比/%	排量/(m³·min⁻¹)	入地总液量/m³	返排总液量/m³	日产油量/(m³·d⁻¹)	日产水量/(m³·d⁻¹)
坊平21	长9	3232~3236	油管传输射孔+双封单卡	3	20.3	1.0	31.0	87.6	18.0	8.4
平均				3	15.2	0.8	45.8	144.1	15.8	27.4

通过对黄219区油井初期改造规模及对应的试油成果分析表明：西部、中部区域加砂量为5m³、东部区域加砂量为10m³、水平井区域加砂量为2m³的改造措施效果好。具体改造施工参数可参考表5-14，合适的改造程度可以达到高油少水效果。

表5-14 黄219区初期改造成果总表

区域	井数/口	措施方式	施工参数					试油成果	
			砂量/m³	砂比/%	排量/(m³·min⁻¹)	入地总液量/m³	返排总液量/m³	日产油量/(m³·d⁻¹)	日产水量/(m³·d⁻¹)
西部区域	3	压裂	3.0	20.8	0.8	30.9	24.5	5.4	27.9
西部区域	9	压裂	5.0	21.7	0.9	41.8	17.8	5.2	22.4
西部区域	2	压裂	8.0	25.1	1.0	53.2	42.0	0	37.5
西部区域	4	酸化						0	18.7
中部区域	2	压裂	3.0	20.4	0.8	32.9	4.7	0	21.0
中部区域	8	压裂	5.0	20.5	1.0	42.4	15.0	2.6	20.3
中部区域	1	水力喷射分段压裂						0	64.8
中部区域	5	酸化						1.3	7.9
东部区域	5	压裂	3.0	20.3	0.8	34.4	19.4	4.5	22.1
东部区域	29	压裂	5.0	22.6	0.9	42.8	22.9	3.3	26.0
东部区域	2	压裂	8.0	27.9	1.0	54.2	2.0	3.6	26.4
东部区域	2	压裂	10.0	23.0	1.0	65.5	37.1	18.4	5.2
东部区域	6	酸化	8.3		0.2			0	10.5
水平井区域	1	压裂	2.0	11.0	0.8	51.6	104	24.9	12.6
水平井区域	9	压裂	3.0	17.1	0.8	41.4	109.4	12.4	28.0
水平井区域	3	压裂	5.0	24.9	1.1	37.4	25.5	1.4	22.7
水平井区域	3	酸化	15.0		0.2			0	9.5

第五节　油井措施效果对含水率的影响

对 13 口油井产生措施效果前后 1 个月的产能进行对比，如表 5-15、图 5-16 所示，得出如下结论：酸化能增油，也使水含量增大，这与该区为油水同层有关系，单井月油增加程度为 125.7%，而水月增加程度为 46%，尽管水有增加，但油的增加量更大。堵水方法增油小，但单井月水降低程度为 22%，效果明显。平均见效期为 4 个月。

表 5-15　黄 219 区油井措施效果对比表

井号	时间	措施	月产油量				月产水量				见效期/月
			措施前/t	措施后/t	增量/t	增加程度/%	措施前/t	措施后/t	增量/t	增加程度/%	
坊83-123	2013.05	酸化	18	50	32	177.8	40	77	37	92.5	3
坊86-123	2013.05	酸化	52	191	139	267.3	54	31	−23	−42.6	4
坊76-121	2013.10	酸化	25	9	−16	−64.0	73	130	57	78.1	
坊77-122	2013.05	酸化	13	66	53	407.7	42	124	82	195.2	8
	2013.06	酸化	66	152	86	130.3	124	101	−23	−18.5	7
坊79-121	2013.09	酸化	33	18	−15	−45.4	53	64	11	20.7	
坊80-125	2013.06	酸化	8	25	17	212.5	33	80	47	142.4	2
坊81-125	2014.01	酸化	86	95	9	10.5	9	15	6	66.7	1
坊85-122	2013.03	酸化	35	72	37	105.7	69	68	−1	−1.4	6
坊平2	2013.11	酸化	75	116	41	54.7	70	21	−49	−70.0	3
黄35-1	2011.10	化学堵水	0	0	0	0	456	438	−18	−3.9	
坊89-123	2012.10	化学堵水	0	42	42		261	299	38	14.6	
坊87-121	2011.10	化学堵水	0	16	16		566	172	−394	−69.6	4
坊67-125	2012.12	选择性堵水	0	0	0		685	492	−193	−28.2	

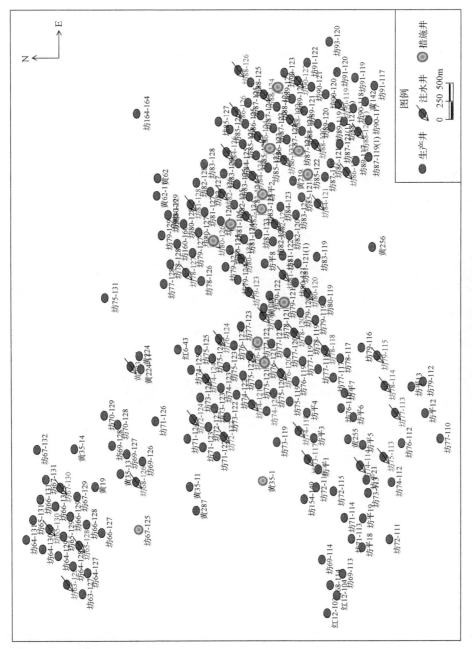

图 5-16 黄219区措施油井分布图

本 章 小 结

通过对黄 219 区油井高含水的精细研究，得到如下结论：

(1) 高含水井相对集中于中间长条带区域，含水率保持平稳。

(2) 通过储层含油性特征研究，认为黄 219 区原始储层电性差导致含油性差。

(3) 鼻隆带、局部小高点含水率较低，而沟槽带、局部小低点则含水率较高。

(4) 高含水来源于地层水（主要来源，占 70.2%）和部分注入水（高含水次要来源，占 29.8%）。需要改善井间动态连通性与调剖的井比较多。

(5) 合适的改造规模可达到高油少水效果。

(6) 对黄 219 区采取的治理对策是补射孔段、堵窜、酸化和重复压裂，以期达到稳油控水效果。

第六章 注水受控因素及治理对策

第一节 高压欠注现状

一、注水井井口压力与日注量

统计盐 67 区 2014 年 2 月注水井的井口压力与其初始井口压力，如表 6-1、图 6-1 所示，除了新盐 112-97 井、新盐 112-101 井井口压力有下降，新盐 98-97

表 6-1 盐 67 区注水井注入压力及注入量统计表

井号	初期注水井井口压力/MPa	2014 年 2 月注水井井口压力/MPa	注水井井口压力差值/MPa	日注量/m³	日配注量/m³	欠注量/m³
新盐 98-99	4.0	15.0	15.0	11.0	38	38	0
新盐 98-101	4.5	13.0	18.8	14.3	25	25	0
新盐 100-99	5.2	15.0	19.5	14.3	38	38	0
新盐 102-99	6.5	13.0	15.0	8.5	36	36	0
新盐 100-97	4.5	13.5	16.0	11.5	38	38	0
新盐 102-97	6.5	13.5	12.5	6.0	25	25	0
新盐 110-97	4.0	14.0	17.5	13.5	38	38	0
新盐 110-99	5.2	14.0	19.2	14.0	28	28	0
新盐 100-101	8.0	15.0	19.3	11.3	23	23	0
新盐 110-95	12.5	12.5	16.7	4.2	23	23	0
新盐 112-97	12.0	12.0	7.5	-4.5	38	38	0
新盐 112-95	12.5		19.0	6.5	23	23	0
新盐 114-93	10.0		14.0	4.0	25	25	0
新盐 114-95	10.0		15.5	5.5	30	30	0
新盐 104-97	11.0		20.1	9.1	38	38	0
新盐 104-99	11.0		18.9	7.9	25	25	0
新盐 112-93	10.0		20.0	10.0	9	12	-3
新盐 112-99	10.0		19.5	9.5	20	20	0
新盐 114-97	11.5		16.5	5.0	36	36	0
新盐 114-99	10.0		16.5	6.5	36	36	0
新盐 108-97	10.0		18.0	8.0	23	23	0
新盐 116-97	14.5		20.0	5.5	22	22	0
新盐 116-95	14.5		16.0	1.5	23	23	0
新盐 96-101	12.0		17.9	5.9	28	28	0
新盐 117-99	9.8	14.0	17.4	7.6	28	28	0
新盐 96-99	17.0		18.5	1.5	27	28	-1
新盐 98-97	18.3		18.3	0	20	20	0
新盐 110-101	15.0		17.3	2.3	24	28	-4
新盐 110-103	18.5		20.0	1.5	30	30	0
新盐 112-101	14.5		14.0	-0.5	33	33	0

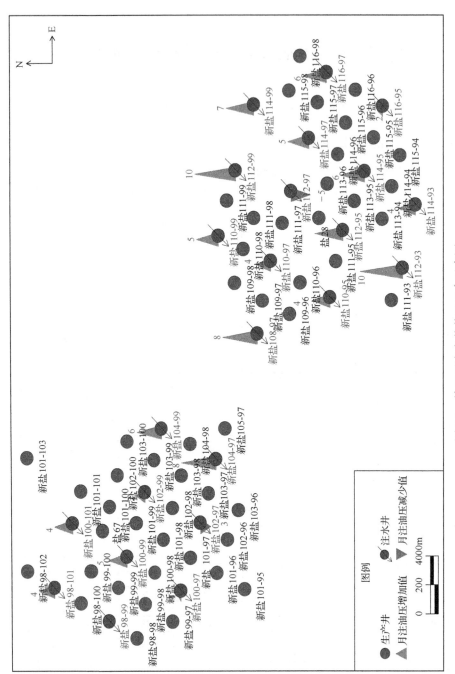

图 6-1 盐 67 区注水井井口压力示意图
油压增加和减小值取数据整理处理

不变外,其余井井口压力都有增加,增加幅度最大的为 14.3MPa,平均单井井口压力增加幅度为 6.7MPa。2014 年 2 月,除了新盐 110-101 井、新盐 112-93 井、新盐 96-99 井欠注外,其余井均满足配注量。

通过对盐 67 区注水井的井口注入压力及注入量分析,认为注水井井口压力比初期井口压力高很多,但注入量能达到配注要求,即高压不欠注。

二、物质平衡法计算地层压力

若认为开发区域油田压力处于饱和压力之上,则根据物质平衡方程原理,有

$$N_p B_o + W_p B_w - W_i B_w = N C_t B_{oi} \Delta P \tag{6-1}$$

其中,

$$B_o = B_{oi} e^{C_o(P_i - P)} \tag{6-2}$$

$$B_w = B_{wi} e^{C_w(P_i - P)} \tag{6-3}$$

把式(6-2)、式(6-3)代入物质平衡方程(6-1),该方程存在一最优压力值,使 N_P 最大,这一压力 P 值即为合理地层压力保持水平,对其求导:

$$\frac{dN_P}{dP} = NC_t \left[(P_i - P)C_o e^{C_o(P-P_i)} - e^{C_o(P-P_i)} \right] + \frac{(W_i - W_p)B_{wi}}{B_{oi}} (C_o - C_w) e^{(P_i - P)(C_w - C_o)} \tag{6-4}$$

令 $\dfrac{dN_P}{dP} = 0$,就得到合理地层压力 P 值。

其中,

$$C_w = 1.4504 \times 10^{-4} \left[A + B(1.8T + 32) + C(1.8T + 32)^2 \right] \times \left(1.0 + 4.9974 \times 10^{-2} R_{sw}\right)$$

$$A = 3.8546 - 1.9435 \times 10^{-5} P$$

$$B = -1.052 \times 10^{-2} + 6.9183 \times 10^{-5} P$$

$$C = 3.9267 \times 10^{-5} - 1.2763 \times 10^{-7} P$$

$$C_f = \frac{2.587 \times 10^{-4}}{\Phi^{0.4358}}$$

式中，N_p 为累积产油量，10^4t；W_p 为累积产水量，10^4t；W_i 为累积注水量，10^4t；N 为原始原油地质储量，10^4t；B_o 为原油体积系数；B_{oi} 为原始原油体积系数；B_w 为水体积系数；B_{wi} 为原始水体积系数；C_o 为地层原油压缩系数，MPa^{-1}；C_w 为地层水压缩系数，MPa^{-1}；C_f 为岩石压缩系数，MPa^{-1}；T 为地层温度，℃；Φ 为孔隙度；R_{sw} 为地层水中天然气的溶解度，m^3·m^{-3}；P_i 为原始地层压力，MPa；P 为地层压力，MPa。

B_{oi}、B_w、C_t 数据取自文献"长 8 油藏超前注水压力保持水平研究"。原始地层压力数据来源于长 8 储层试井得到的平均地层压力，取值 17.72MPa，则计算得到目前地层压力为 16.87MPa。

表 6-2 物质平衡法计算的地层压力表

原始地质储量/10^4t	原始地层压力/MPa	原始原油体积系数	原油体积系数	原始水体积系数	综合压缩系数/MPa^{-1}	累积产油量/10^4t	累积注水量/10^4t	累积产水量/10^4t	目前地层压力/MPa
450	17.72	1.29	1.2897	1.001	0.00152	4.253	8.996	4.847	16.21
450	17.72	1.29	1.2899	1.001	0.00152	4.788	10.200	5.442	16.12
450	17.72	1.29	1.2899	1.001	0.00152	5.365	11.570	6.093	16.08
450	17.72	1.29	1.2902	1.001	0.00152	5.936	12.700	6.708	15.83
450	17.72	1.29	1.2902	1.001	0.00152	6.529	14.080	7.317	15.84
450	17.72	1.29	1.2900	1.001	0.00152	7.106	15.600	7.916	16.05
450	17.72	1.29	1.2895	1.001	0.00152	7.692	17.320	8.545	16.43
450	17.72	1.29	1.2889	1.000	0.00152	8.286	19.060	9.131	16.87

注：目前地层压力指 2014 年的地层压力。

由表 6-2 可以看出，目前地层压力保持在 16.87MPa，保持率 95.3%，平均保持率 91%；由区域井平均井深 2696m、平均注入油压 15.2MPa 计算，在不考虑流体摩擦阻力的情况下，注水井井底压力为 32.16MPa，与目前地层压力 16.87MPa 相差 15.29MPa。因此，说明，盐 67 区域为高压注入区，即注入困难。

第二节 注水井吸水剖面分析

一、吸水剖面与动态连通性关系

对盐 67 区已测 16 口井的吸水剖面及连通系数进行统计，见表 6-3，其中吸水剖面正常的井为 6 口，占 37.5%；尖峰状剖面的井为 3 口，占 18.8%。整体上看，非正常吸水剖面占 62.6%。

(一) 吸水剖面的动态连通性

16 口注水井的吸水剖面分布图如图 6-2 所示,盐 67 区井间连通系数统计结果显示连通系数小于 0.1 的井占 55.6%(图 6-3),认为盐 67 区动态连通性较差,对比来看,尖峰状吸水剖面比正常吸水剖面和其他类型吸水剖面的连通性要大,这与其有快速流通通道有关,这样容易使生产井受效,但存在的问题是容易产生注入水突进。对于不同类型吸水剖面的连通性,认为尖峰状吸水剖面>正常吸水剖面>其他类型吸水剖面。

表 6-3 盐 67 区长 8 油层组吸水剖面及连通系数统计表

注水井	吸水剖面状况	所占比例/%	连通系数
新盐 104-99	正常	37.4	0.48
新盐 98-99			0.52
新盐 116-97			0.58
新盐 100-97			0.46
新盐 114-97			0.65
新盐 114-99			0.6
新盐 102-99	尖峰状	18.7	0.73
新盐 110-99			0.81
新盐 117-99			0.78
新盐 110-95	多尖峰状	6.3	0.18
新盐 116-95	下段弱吸	18.7	0.3
新盐 110-103			0.3
新盐 100-99			0.33
新盐 112-99	上段弱吸	6.3	0.44
新盐 102-97	中间弱两端强	6.3	0.38
新盐 114-95	中间强两端弱	6.3	0.46

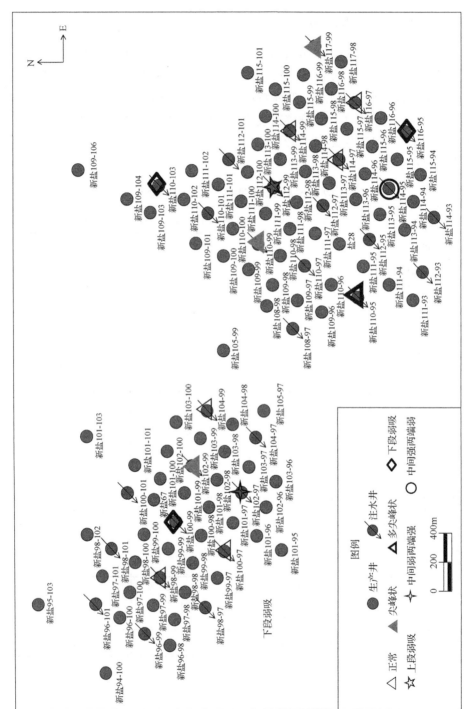

图 6-2 盐 67 区注水井的吸水剖面分布图

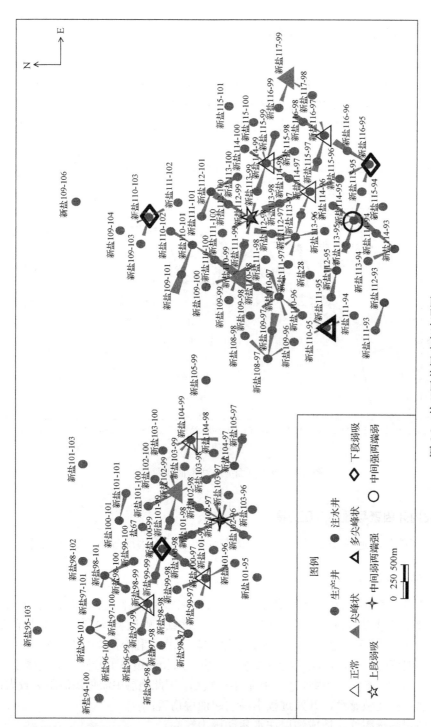

图6-3 盐67区井间动态连通图

图中三角形的指向为连通方向,其长度代表连通系数的大小

(二)吸水剖面与储层渗透率关系

对于同类型吸水剖面,如正常吸水剖面,渗透率大的区域,其月注水量及连通程度大,如图6-3所示。对于尖峰状吸水剖面,如新盐110-99井(图6-3、图6-4),在相同储层条件下,虽然其连通系数大,但其注水量比正常井小,这与其连通通道的总量比较少有关。所以非正常井容易产生高压欠注问题,必须对部分注水井进行治理。

分析可知,连通性差、渗透率低和吸水剖面不均,都将导致高压欠注。

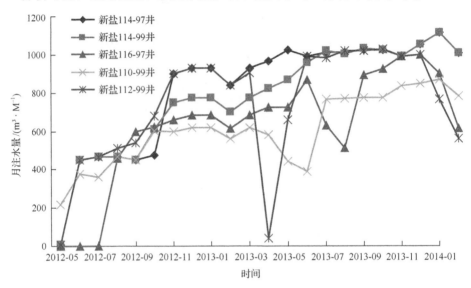

图6-4 吸水剖面井月注水曲线图

二、储层内外因素导致注入压力高

储层高压欠注通常是由储层本身原因与储层外部原因所导致,如下所述

(一)储层本身原因

(1)孔喉半径小,孔喉比大,导致流体在储层中的渗流条件差:地质研究表明,储层孔隙类型主要以溶蚀次生孔隙为主,孔喉半径较细,喉道类型复杂。主要是孔隙被小喉道控制,导致流体在储层中的渗流条件变差,从而不利于孔隙内的注入水注入;

(2)毛细管阻力大,造成油相渗透率下降快、水相渗透率上升慢:油层排驱压力较大,孔隙分布较差,为细歪度,孔喉半径较细,因此地层中流体渗流阻力较大;

(3)油层存在敏感性,开发过程中易引起油层伤害;

(4)储层渗透率低,造成油层注水启动压力较高。

(二) 储层外部原因

(1) 注入水中机械杂质影响；

(2) 注入水与设备和管线的腐蚀产物 (如氢氧化铁及硫化亚铁等) 造成堵塞，注入水中所带的细小泥沙等杂质堵塞地层；

(3) 细菌堵塞；

(4) 注入水中含油影响；

(5) 注水过程中储层敏感性黏土矿物堵塞地层；

(6) 微粒运移。

第三节 盐 67 区精细注采对应关系分析

盐 67 区长 8_2 油藏开发采用的是一套反九点菱形井网，注采对应关系较复杂。有注无采和有采无注都对注采井间连通性有直接影响，动态连通性差是导致注水压力上升的直接因素。

通过以井组为单元的精细注采分析，能够以井组为单位，具体的、有针对性地对高压欠注问题提出详尽的解决方案。因此，结合油水井注采动态、连通栅状图、动态连通系数、吸水剖面监测结果等成果对该区 25 个注采井组的对应关系进行了详细的分析。这里，选出有代表性的 4 个应用分析案例，通过精细分析，找出存在的问题，并提出相应的建议措施，为解决高压欠注问题，提高单井产量提供理论基础。

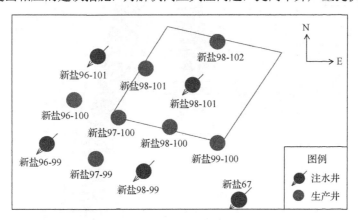

图 6-5 新盐 98-101 井组注采示意图

一、新盐 98-101 井组

新盐 98-101 井组共有 1 口注水井和 5 口生产井 (图 6-6)，注水井新盐 98-101 井于 2012 年 5 月投注，注水层位于长 8_2 油藏，注水井比 4 口生产井超前注水 1～4 个月。新盐 98-102 井于 2012 年 6 月因产出较差而关井。

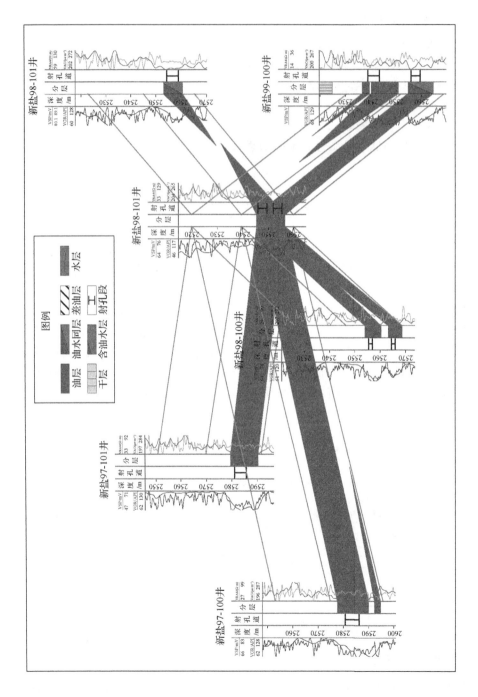

图6-6 新盐98-101井组静态连通图

(一)注采井连通性

从新盐 98-101 井组静态连通图可以看出注水井新盐 98-101 井与新盐 98-102 井(关井)不连通(图 6-7),主要是相对应的砂体不连通。从新盐 98-101 井组小层注采对应关系(表 6-4)来看,该井组对应关系相对较差,同时存在有采无注和有注无采。例如,新盐 99-100 井在长 8_2^1 层有采无注,主要是注水井在长 8_2^1 层没有与之对应的砂体。

表 6-4 新盐 98-101 井组水层注采对应关系

层位	注水井	生产井				
	新盐 98-101	新盐 97-101	新盐 97-100	新盐 98-102	新盐 98-100	新盐 99-100
长 8_2^1						△
长 8_2^2	△△	△	△	△	△	△

注:△代表在小层注水井有注无采或生产井有采无注。

(二)水驱控制程度及动态连通性

从井组水驱控制程度(表 6-5)来看,整体井组水驱控制程度为 66.67%,说明生产井对应的注水层位较小,反映了静态连通性不强。但从动态连通系数看,新盐 98-101 井与新盐 99-100 井连通好(0.22)、与新盐 98-100 连通较好(0.12),其他动态连通性较差,优势连通方向为新盐 99-100 井。

表 6-5 新盐 98-101 井组水驱控制程度数据统计

注水井射开情况/m			生产井井号	与注水井对应的生产井射开情况			井组内生产井总射开情况			连通系数
层位	射孔段/m	厚度/m		层位	射孔段/m	厚度/m	层位	射孔段/m	厚度/m	
长 8_2^2	2629~2634	5	新盐 97-101	长 8_2^2	2596~2602	6	长 8_2^2	2596~2602	6	0.03
	2635~2640	5	新盐 97-100	长 8_2^2	2583~2590	7	长 8_2^2	2583~2590	7	0.00
			新盐 98-102	长 8_2^2			长 8_2^2	2578~2584	6	0.00
			新盐 98-100	长 8_2^2	2615~2618	3	长 8_2^2	2615~2618	3	0.12
					2624~2627	3		2624~2627	3	
			新盐 99-100	长 8_2^2	2573~2578	5	长 8_2^1	2555~2561	6	0.22
							长 8_2^2	2573~2578	5	
			总计			24			36	0.37

(三) 生产动态

新盐 98-101 井组动态连通系数表明，除了新盐 98-101 井对新盐 99-100 井、新盐 98-100 井连通性稍好外，其他均较差。从新盐 98-101 井组注采生产动态曲线(图 6-7)来看，随注水量的变化，生产井采液量的相应明显不变化，说明该井组整体连通性不好，这是造成注水见效缓慢、注入压力不断升高的主要因素。

综合以上三种方法的分析结果，建议对注水井新盐 98-101 井长 8_2^2 层进行酸化增注或者压裂。

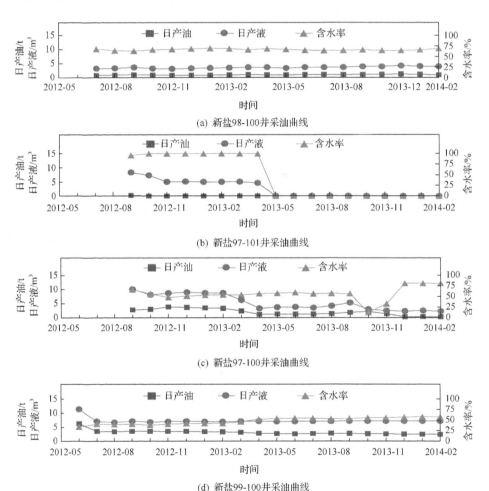

(a) 新盐98-100井采油曲线

(b) 新盐97-101井采油曲线

(c) 新盐97-100井采油曲线

(d) 新盐99-100井采油曲线

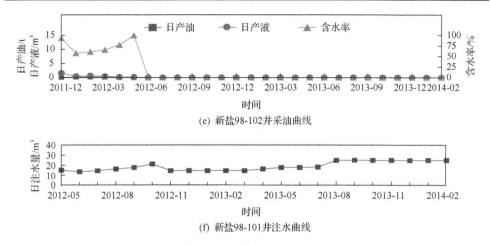

(e) 新盐98-102井采油曲线

(f) 新盐98-101井注水曲线

图 6-7 新盐 98-101 井组注采生产动态曲线

二、新盐 114-95 井组

新盐 114-95 井组共有 1 口注水井和 8 口生产井（图 6-8），注水井新盐 114-95 井于 2012 年 5 月投注，注水层位为长 8_2，相对于该组 8 口生产井超前注水 0～3 个月。新盐 113-94 井在 2013 年 8 月～12 月停井四个月。

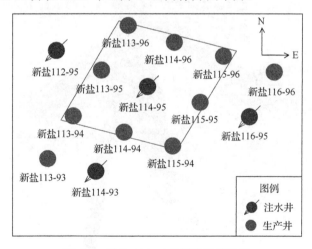

图 6-8 新盐 114-95 井组注采示意图

（一）注采井连通性

从新盐 114-95 井组静态连通图和井组小层注采对应关系（图 6-9、表 6-6）来看，该井组存在有注无采现象，如新盐 113-94 井和新盐 115-95 井。新盐 113-94 井没有小层与注水井上部射孔段对应，新盐 115-95 井下部与注水井对应的小层没有射孔。

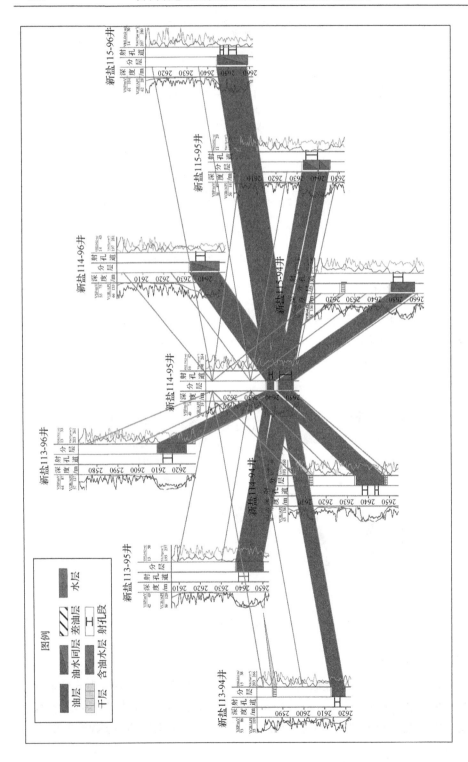

图6-9 新盐114-95井组静态连通图

表 6-6 新盐 114-95 井组小层注采对应关系

层位	注水井井号	生产井井号							
	新盐 114-95	新盐 113-94	新盐 113-95	新盐 113-96	新盐 114-94	新盐 114-96	新盐 115-94	新盐 115-95	新盐 115-96
长 8_2^2	△			△	△	△	△	△	△
	△	△							

注：△代表在小层注水井有注无采或生产井有采无注。

(二) 水驱控制程度及动态连通性

从新盐 114-95 井组水驱控制程度数据统计(表 6-7)来看，总体组水驱控制程度为 100%，说明油水井静态连通性好；从该井组动态连通系数来看，新盐 114-95 井与新盐 113-95 井(0.25)、新盐 114-96 井(0.12)连通好，其他井动态连通性均较差。说明地层可能堵塞导致动态连通性差。从吸水剖面来看下部射孔段呈尖峰状吸水，注入水沿此处突进。

表 6-7 新盐 114-95 井组水驱控制程度数据统计

注采井组	注水井射开情况		生产井井号	与注水井对应生产井射开情况			井组内生产井总射开情况			连通系数
	层位	射孔段/m		层位	射孔段	厚度/m	层位	射孔段	厚度/m	
新盐 114-95	长 8_2^2	2711~2718	新盐 113-94	长 8_2^2	2701~2705	4	长 8_2^2	2701~2705	4	0.00
		2724~2730	新盐 113-95	长 8_2^2	2651~2657	6	长 8_2^2	2651~2657	6	0.25
			新盐 113-96	长 8_2^2	2652~2658	6	长 8_2^2	2652~2658	6	0.03
			新盐 114-94	长 8_2^2	2681~2685	4	长 8_2^2	2681~2685	4	0.00
					2687~2690	3		2687~2690	3	
			新盐 114-96	长 8_2^2	2651~2657	6	长 8_2^2	2651~2657	6	0.12
			新盐 115-96	长 8_2^2	2685~2688	3	长 8_2^2	2685~2688	3	0.00
					2689~2694	5		2689~2694	5	
			新盐 115-95	长 8_2^2	2681~2688	7	长 8_2^2	2681~2688	7	0.07
			新盐 115-94	长 8_2^2	2810~2816	6	长 8_2^2	2810~2816	6	0.00
总计	长 8_2					50			50	0.47

(三) 生产动态

从生产动态曲线(图 6-10)来看,随注水量的变化,生产井采液量的相应变化不明显,说明该井组整体连通性不好,这是造成注水见效缓慢、注入压力不断升高的主要因素。

该井组注水压力较初期上升 5.5MPa,建议对注水井表面活性剂增注或者压裂,对新盐 115-95 井下部小层进行补孔。

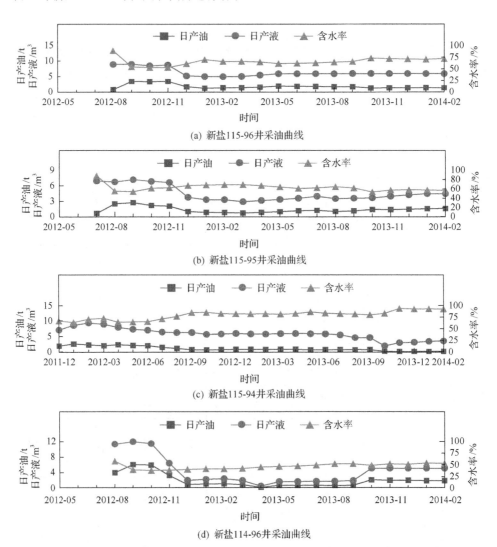

(a) 新盐115-96井采油曲线

(b) 新盐115-95井采油曲线

(c) 新盐115-94井采油曲线

(d) 新盐114-96井采油曲线

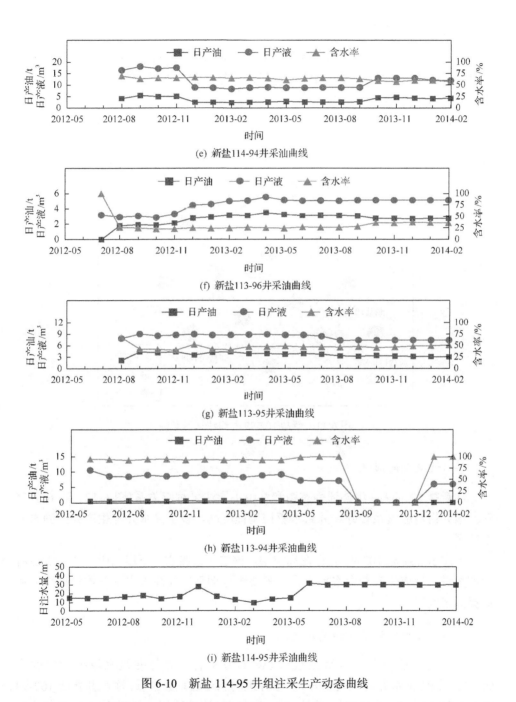

图 6-10 新盐 114-95 井组注采生产动态曲线

三、新盐 102-99 井组

新盐 102-99 井组共 1 口注水井和 8 口生产井(图 6-11),注水井 102-99 井于 2012 年 5 月投注,注水层位为长 8_2,相对该组 8 口生产井超前注水 1~2 个月。该井组大部分生产井含水率均较高。

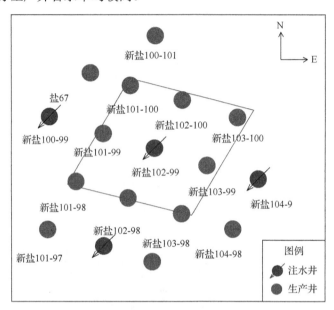

图 6-11　新盐 102-99 井组注采示意图

(一)注采井连通性

从新盐 102-99 井组连通静态图和井组小层注采对应关系(图 6-12、表 6-8)来看,该井组对应关系较好,井组水驱控制程度高,说明注水井与生产井间静态连通性好。

但注水井新盐 102-99 井存在高渗层,该层上段吸水,下段弱吸,注入水易沿上部突进,造成生产井含水率上升,需要进行调剖以使注入水尽量均匀推进,从而提高采收率。

(二)水驱控制程度及动态连通性

从井组水驱控制程度数据统计(表 6-9)来看,总体井组水驱控制程度为 95.74%,说明油水井对应关系好。从该井组动态连通系数来看,注水井新盐 102-99 井与新盐 101-100 井(0.23)、新盐 101-99(0.30)连通性好,与新盐 102-98 井、新盐 103-99 井、新盐 103-98 井动态连通系数均很小,可能是由于地层堵塞。

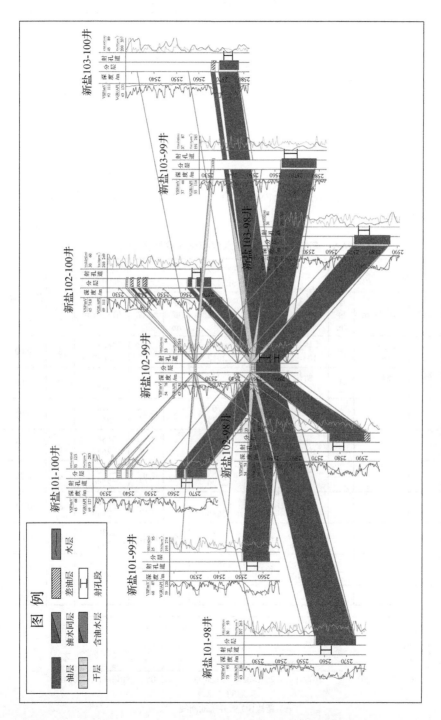

图6-12 新盐102-99井组连通静态图

表 6-8　新盐 102-99 井组小层注采对应关系

层位	注水井井号	生产井井号							
	新盐 102-99	新盐 101-98	新盐 101-99	新盐 101-100	新盐 102-100	新盐 102-98	新盐 103-98	新盐 103-99	新盐 101-100
长 8_2^2	△	△	△	△	△	△	△	△	△

注：△ 代表在小层注水井有注无采或生产井有采无注。

(三) 生产动态

从该井组生产动态曲线(图 6-13)可以看出，随注水量的变化，生产井采液量的相应变化不明显，说明该井组整体连通性不好，这是注水见效缓慢、注入压力不断升高的主要因素。

表 6-9　新盐 102-99 井组水驱控制程度数据统计

注采井组	注水井射开情况			生产井井号	与注水井对应生产井射开情况			井组内生产井总射开情况			连通系数
	层位	射孔段/m	厚度/m		层位	射孔段/m	厚度/m	层位	射孔段/m	厚度/m	
新盐 102-99	长 8_2^2	2638~2644	6	新盐 103-98	长 8_2^2	2606~2612	6	长 8_2^2	2606~2612	6	0.00
		2645~2648	3	新盐 103-99	长 8_2^2	2572~2579	7	长 8_2^2	2572~2579	7	0.00
				新盐 103-100	长 8_2^2	2570~2575	5	长 8_2^2	2570~2575	5	0.07
				新盐 101-98	长 8_2^2	2656~2662	6	长 8_2^2	2656~2662	6	0.02
				新盐 101-99	长 8_2^2	2590~2596	6	长 8_2^2	2590~2596	6	0.30
				新盐 101-100	长 8_2^2	2630~2636	6	长 8_2^2	2630~2636	6	0.23
				新盐 102-98	长 8_2^2	2639~2645	6	长 8_2^2	2639~2645	6	0.00
				新盐 102-100	长 8_2^2	2587~2590	3	长 8_2^2	2585~2590	5	0.10
总计	长 8_2						45			47	0.74

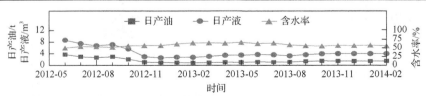

(a) 新盐103-99井采油曲线

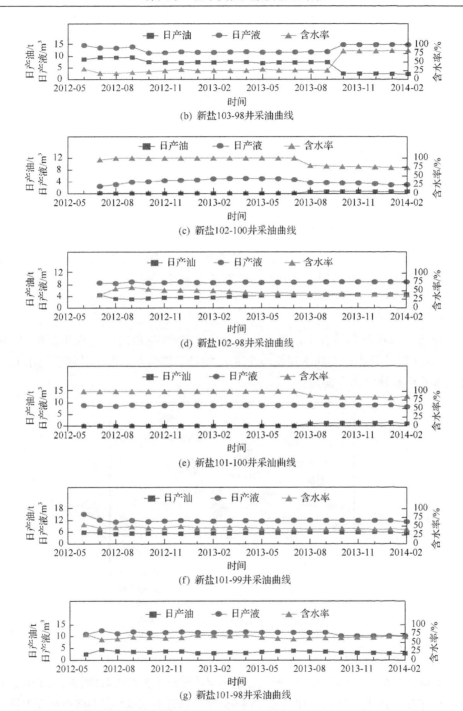

(b) 新盐103-98井采油曲线

(c) 新盐102-100井采油曲线

(d) 新盐102-98井采油曲线

(e) 新盐101-100井采油曲线

(f) 新盐101-99井采油曲线

(g) 新盐101-98井采油曲线

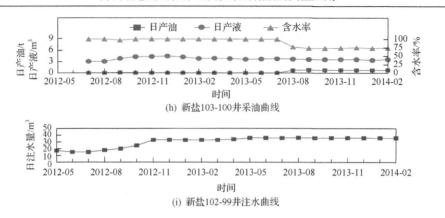

图 6-13 新盐 102-99 井组注采生产动态曲线

综合以上分析结果,考虑到该井组注水压力较初期上升 8.5MPa,建议对注水井新盐 102-99 井进行调剖,且表面活性剂增注或者压裂。

四、新盐 116-95 井组

新盐 116-95 井组共有 1 口注水井和 4 口生产井(图 6-14),注水井新盐 116-95 井于 2012 年 5 月投注,注水层位为长 8_2,相对于该组 4 口生产井超前注水 0~3 月,该井组整体含水率偏高。

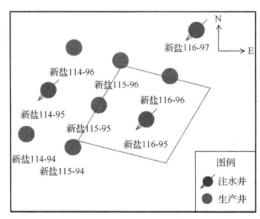

图 6-14 新盐 116-95 井组注采示意图

(一)注采井连通性

从新盐 116-95 井组静态连通图和井组小层注采对应关系来看(图 6-15、表 6-13),该井组存在有注无采现象,如新盐 115-95 井,该油井长 8_2^2 层下部小层无射孔,与注水井无注采对应。

从新盐 116-95 井吸水剖面显示,注水井存在下段弱吸,吸水不均匀的现象。

第六章 注水受控因素及治理对策

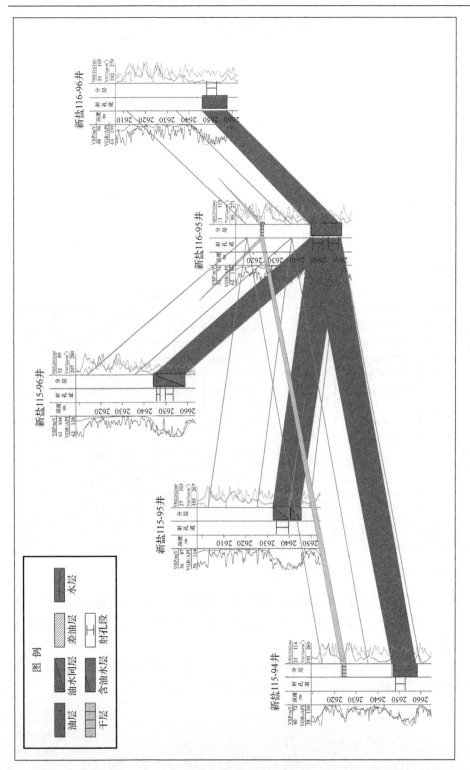

图 6-15 新盐 116-95 井组静态连通图

表 6-10　新盐 116-95 井组小层注采对应关系

层位	注水井井号		生产井井号		
	新盐 116-95	新盐 115-94	新盐 115-95	新盐 115-96	新盐 116-96
长 8_2^2	△	△	△	△	△

注：△ 代表在小层注水井有注或生产井有采。

(二) 水驱控制程度及动态连通性

从水驱控制程度表（表 6-11）看出，总体井组水驱控制程度为 100%，说明油水井对应关系好。从该井组动态连通系数上看，新盐 116-95 井除了与新盐 116-96 井连通性好外，与其余井的连通性不好，甚至根本不连通，有可能是地层堵塞导致动态连通性差。

表 6-11　新盐 116-95 井组水驱控制程度数据统计

注采井组	注水井射开情况			生产井井号	与注水井对应生产井射开情况			井组内生产井总射开情况			连通系数
	层位	射孔段/m	厚度/m		层位	射孔段/m	厚度/m	层位	射孔段/m	厚度/m	
新盐 116-95	长 8_2^2	2704~2710	6	新盐 115-94	长 8_2^2	2810~2816	6	长 8_2^2	2810~2816	6	0.00
		2711~2717	6	新盐 115-95	长 8_2^2	2681~2688	7	长 8_2^2	2681~2688	7	0.09
				新盐 115-96	长 8_2^2	2685~2688	3	长 8_2^2	2685~2688	3	0.10
						2689~2694	5		2689~2694	5	
				新盐 116-96	长 8_2^2	2657~2663	6	长 8_2^2	2657~2663	6	0.30
总计	长 8_2						27			27	0.49

(三) 生产动态

从生产动态曲线（图 6-16）来看，随注水量的变化，生产井采液量的相应变化不明显，说明该井组整体连通性不好，这是注水见效缓慢、注入压力不断升高的主要因素。

总之，考虑到该井组注水压力较初期上升 1.5MPa，治理对策为：对注水井新盐 116-95 井进行调剖，并对新盐 115-95 井下部小层进行补孔。

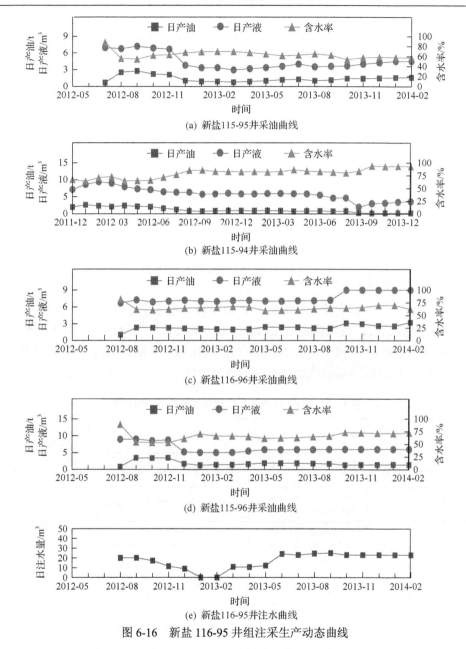

图 6-16 新盐 116-95 井组注采生产动态曲线

对于研究区块的 25 口注水井，其本身注入量达到了配注要求，但注水井口压力过高，其根本原因是井间动态连通程度非常差，以至于压力不能及时传导。结合已实践的治理措施，对照精细分析状况，将盐 67 区治理对策分为四大类（表 6-12）：改善动态连通性（40%）、补孔且改善动态连通性（28%）、调剖且改善动态连通性（16%）、补孔+调剖且改善动态连通性（16%）。

表 6-12 盐 67 区高压欠注治理分类表

分类	井数/口	井号	比例/%
改善动态连通性的井	10	新盐 96-101、新盐 98-101、新盐 100-97、新盐 104-97、新盐 104-99、新盐 108-97、新盐 110-97、新盐 114-93、新盐 112-93、新盐 112-95	40
补孔且改善动态连通性的井	7	新盐 98-99、新盐 100-101、新盐 112-97、新盐 114-95、新盐 114-97、新盐 114-99、新盐 116-97	28
调剖且改善动态连通性的井	4	新盐 100-99、新盐 102-97、新盐 102-99、新盐 110-95	16
调剖+补孔且改善动态连通性的井	4	新盐 110-99、新盐 112-99、新盐 116-95、新盐 117-99	16

第四节 盐 67 区注水井改造措施效果

一、注水井初期改造措施

24 口注水井的初期改造措施统计如表 6-13、图 6-17 所示，对比其前三个月油压和注入量情况，按照类别对注水井改造措施进行分类（表 6-14），从注水井改造措施方式来看，127 复合射孔+爆燃这种改造措施注入量最大，注入的压力中等，所以，127 复合射孔+爆燃改造注水井的效果最好。

表 6-13 盐 67 区长 8 油层组注水井改造统计总表

井号	试油层位	射孔井段/m	厚度/m	措施方式	求产时间	前三个月油压/MPa	前三个月注入量/m³
新盐 110-97	长 8_2^2	2610～2616 2617～2623	6 6	127 复合射孔+爆燃	2012-4-19	10.67	318
新盐 100-99	长 8_2	2569～2573 2575～2581	4 6	127 复合射孔+爆燃	2012-4-30	11.73	395
新盐 98-99	长 8_2	2661～2663 2655～2660 2648～2654	2 5 6	127 复合射孔+爆燃	2012-4-30	11.33	406
新盐 100-101	长 8_2	2588～2590 2591～2595	2 4	127 复合射孔+爆燃	2012-5-10	15.00	417
新盐 104-99	长 8_2	2685～2688 2680～2684 2675～2679	3 4 4	127 复合射孔+爆燃	2012-5-18	10.67	427
新盐 114-99	长 8_2	2711～2718 2724～2730	7 6	127 复合射孔+爆燃	2012-5-25	10.00	460
新盐 114-97	长 8_2	2688～2693 2694～2700	5 6	127 复合射孔+爆燃	2012-5-25	11.50	460
新盐 112-99	长 8_2	2658～2663 2664～2670	5 6	127 复合射孔+爆燃	2012-5-25	10.00	476

续表

井号	试油层位	射孔井段/m	厚度/m	措施方式	求产时间	前三个月油压/MPa	前三个月注入量/m³
新盐108-97	长8	2724~2728	4	127复合射孔+爆燃	2012-7-23	10.00	458
新盐116-97	长8_2^2	2652~2657 2658~2661	5 3	127复合射孔+爆燃	2012-7-26	14.50	560
平均值						11.54	438
坊168-184	长8_2	2472~2476 2477~2483	4 6	127复合射孔+爆燃压裂	2012-3-16		
新盐110-99	长8_2	2676~2679 2669~2675	3 6	127复合射孔+爆燃压裂	2012-4-22	11.07	317
新盐100-97	长8_2	2603~2609 2610~2616	6 6	127复合射孔+爆燃压裂	2012-4-26	10.50	377
新盐110-95	长8_2	2688~2695 2696~2698	7 2	127复合射孔+爆燃压裂	2012-5-14	12.50	385
新盐112-95	长8_2	2626~2631 2632~2637	5 5	127复合射孔+爆燃压裂	2012-5-14	12.50	385
新盐112-97	长8_2	2655~2662 2663~2667 2668~2672	7 4 4	127复合射孔+爆燃压裂	2012-5-14	12.00	439
新盐112-93	长8	2647~2654	7	127复合射孔+爆燃压裂	2012-5-16	10.00	385
新盐104-97	长8_2	2595~2599 2585~2591	4 6	127复合射孔+爆燃压裂	2012-5-23	10.67	427
新盐116-95	长8_2^2	2704~2710 2711~2717	6 6	127复合射孔+爆燃压裂	2012-7-27	14.50	529
新盐117-99	长8_2	2665~2672	7	127复合射孔+爆燃压裂	2012-8-5	15.60	460
平均值						12.15	416
新盐102-97	长8_2	2615~2619 2620~2627	4 7	多脉冲复合射孔+爆燃	2012-4-18	11.17	376
新盐114-93	长8	2769~2755 2776~2779	6 3	多脉冲复合射孔+爆燃	2012-5-5	10.00	425
新盐114-95	长8_2	2645~2648 2650~2657	3 7	多脉冲复合射孔+爆燃	2012-5-10	10.00	356
新盐98-101	长8_2	2629~2634 2635~2640	5 5	多脉冲复合射孔+爆燃	2012-5-7	11.50	389
新盐102-99	长8_2	2638~2644 2645~2648	63	多脉冲复合射孔+爆燃	2012-5-7	10.83	411
平均值						10.70	391

表 6-14　盐 67 区长 8 油层组注水井改造措施统计综合表

井数/口	措施方式	前三个月平均油压/MPa	前三个月平均注入量/m³
10	127 复合射孔+爆燃	11.54	424
9	127 复合射孔+爆燃压裂	12.15	411
5	多脉冲复合射孔+爆燃	10.7	391

二、生产实践措施效果

统计措施井 8 口，如图 6-18、表 6-15 所示，可以看出：

①酸化增注单井平均降低注水井井口压力 2MPa，12%的压降程度；单井平均月增注 435m³，增注程度为 87%，效果明显；

②洗井不影响注水井井口压力；但单井平均月增注 39m³，7%增注程度；

③压裂能显著增注，增注程度为 49%，但注入压力提高；

④聚能震动也能解决高压欠注问题，平均有效期 2 个月。

通过分析，认为酸化等解堵措施能降压增注。

为了对比其他增注措施效果，类比了与盐 67 区物性相近的耿 271 区的各种增注措施效果，见表 6-16，得到如下结论：①表面活性剂增注见效井比例较高，且有效作用时间最长，平均在 170 天左右，具有推广优势；②压裂增注作业优势在于其见效井比例高，达到 100%，同时其有效时间与增注量也较高，但其缺点是注入压力并没有明显降低；③酸化增注作业增注量较高，有效作用时间也较长，但存在施工作业无效的风险，且酸化后，储层颗粒运移对储层产生伤害；④电脉冲增注作业的见效井比例最低，平均日增注量最小，不推荐使用该增注工艺。

本节也对复合增注措施效果进行了对比分析，从表 6-17 可以看出：进行复合增注作业时，并没有理想中各种增注措施效果的叠加结果，往往各种措施之间产生干扰，使得增注效果不如单一措施下的增注效果理想。经过分析认为复合措施增注效果并不理想。

经过区域科学认证，认为盐 67 区的储层致密、孔喉细微及油层弱亲油性是注水井压力高的主要原因。综合各种增注措施方法的效果，推荐解决高压欠注的方法包括：降压增注、酸化、补孔压裂、油井堵水、重复压裂、小型压裂。表 6-18 给出了精细分析的 4 口注水井的高压欠注治理措施，其他注水井的治理，可以参照本章的研究方法与成果。

第六章 注水受控因素及治理对策

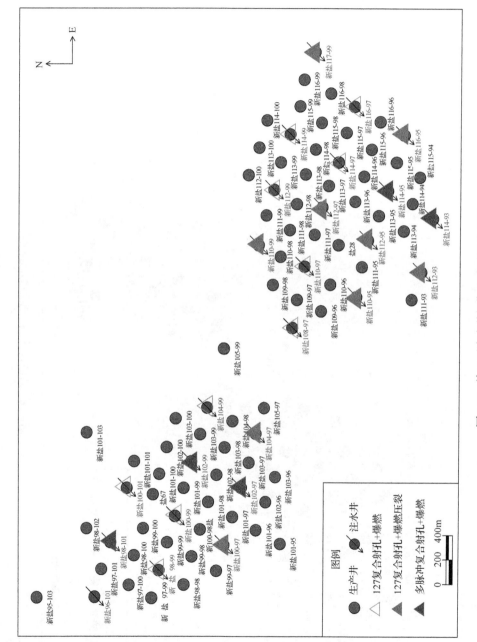

图6-17 盐67区注水井初期改造措施分布图

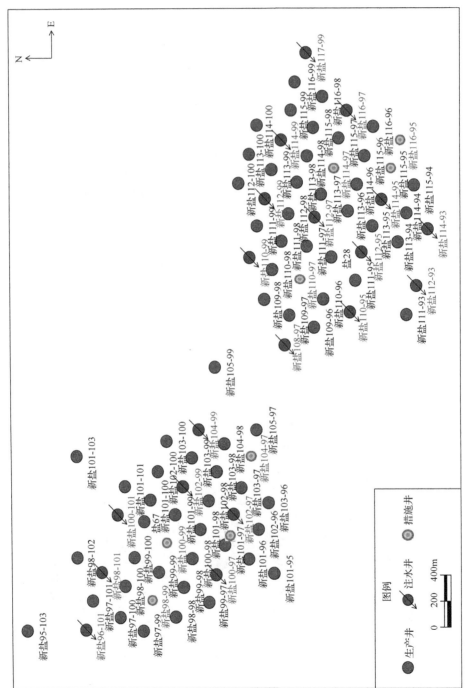

图6-18 盐67区增注措施注水井分布图

表 6-15 盐 67 区注水井增注措施效果统计表

井号	时间	措施	注水井井口压力				月注水量				见效期/月
			措施前/MPa	措施后/MPa	压力差值/MPa	降压程度/%	措施前/m³	措施后/m³	注入量差值/m³	增注程度/%	
新盐114-95	2012-11	酸化增注	16.0	16.0	0	0	437	868	431	98.63	2
	2013-06	酸化增注	17.0	11.3	−5.7	−33.53	475	794	319	67.16	2
新盐114-97	2012-10	酸化增注	12.3	11.3	−1.0	−8.13	476	900	424	89.08	3
新盐110-97	2013-07	酸化增注	17.6	16.0	−1.6	−9.09	618	1186	568	91.91	1
新盐100-99	2012-08	洗井	15.0	15.0	0	0	545	600	55	10.09	1
新盐98-99	2012-08	洗井	15.0	15.0	0	0	503	540	37	7.36	2
新盐98-101	2012-08	洗井	15.0	15.0	0	0	513	540	27	5.26	1
新盐104-97	2013-09	前置酸压裂	18.5	19.9	1	5.41	816	1178	362	44.36	4
新盐116-95	2012-11	聚能震动	18.8	16.5	−2.3	−12.23	292	229	−63	−21.58	
	2013-06	补孔	16.7	5.0	−11.7	−70.06	282	712	430	152.48	2

表 6-16 耿 271 区增注措施效果表

	压裂增注	酸化增注	电脉冲增注	表面活性剂增注
措施前平均压力/MPa	21.0	20.0	17.9	17.0
措施后平均压力/MPa	20.5	18.9	15.9	16.1
平均压降/MPa	0.5	1.1	2.0	0.9
平均有效时间/天	139.4	140.0	134.6	171.0
平均日增注/m³	139.0	149.3	59.0	138.6
施工井次/口	8.0	11.0	5.0	40.0
见效井次/口	8.0	7.0	3.0	27.0
见效井比例/%	100.0	63.6	60.0	67.5

表 6-17 复合增注措施效果表

井号	层位	井段/m	渗透率/mD	复合措施	效果	原因分析
江82-13	长8_1	2658.0~2671.9	0.12	①酸化；②表面活性剂；③第二次酸化；④压裂+酸化	不理想	①物性差，闭合应力大是根本原因；②地面注水系统达不到注水压力是直接原因；③近井地带二次污染
江82-9	长8_1	2530.8~2543.1	0.88	①酸化；②水压裂；③酸化+压裂；④洗井与挤注	不理想	①物性差，启动压力高是根本原因；②地面注水系统达不到注水压力是直接原因
江46-37	长8_1	2676.4~2686	0.8	①酸化；②第二次酸化；③电脉冲+表面活性剂	有效	①物性相对较好；②土酸酸化措施效果符合整体措施规律

表 6-18 高压欠注治理措施表

井号	小层对应	吸水状况	与初期井口压力差值/MPa	水驱控制程度/%	动态连通性	高压欠注原因	治理措施
新盐98-101	井网不完善，新盐99-100长8_2^1无注水井对应	不详	14.3	66	与新盐99-100井连通性好(0.22)、新盐98-100井连通性较好(0.11)	井间动态连通性差，地层堵塞	表面活性剂增注或者压裂
新盐114-95	新盐113-94没有小层与注水井上部射孔段对应，新盐115-95下部没有小层与注水井对应	中间强、两端弱	5.5	100	与新盐113-95井(0.25)、新盐114-96井(0.12)连通性好，其余连通性差或不连通	吸水不正常，井间动态连通性差，储层致密或地层堵塞	补孔新盐115-95井下部，且表面活性剂增注或者压裂
新盐102-99	对应好	尖峰状	8.5	95	与新盐101-100井(0.23)、新盐101-99井(0.30)连通性好	吸水不正常，井间动态连通性差，储层致密或地层堵塞	调剖，且表面活性剂增注或者压裂
新盐116-95	新盐115-95下部与注水井不对应	下段弱吸	1.5	100	除了与新盐116-96井连通性好外，其余连通性均不好，甚至根本不连通	吸水不正常，注采不对应	调剖，补孔新盐115-95井下部

本 章 小 结

通过对盐 67 区高压欠注的精细研究，得到如下结论：

(1)注入压力特高，平均油压 17.1MPa，但注入量满足配注要求。

(2)注水井改造措施对注入影响不是特别明显；非正常吸水剖面约占 62%，有待进一步调剖。

(3)储层渗透率整体很低，约 2mD，整体非均质性不强；储层井间静态连通性很好，但动态连通程度很低，绝大部分井间连通系数小于 0.1。

(4)高压欠注主要原因是储层渗透率低、地层堵塞和储层纵向非均质性强，致使井间动态连通性不好，所以采取的措施是酸化降压增注、重复压裂、小型压裂等，以达到增大、增长流动通道的目的。

第七章 水驱效果及开发技术政策

第一节 水驱效果

一、区块水驱采收率

对盐 67 区、黄 219 区的水驱效率进行预估,如图 7-1 所示,为黄 219、盐 67 区累积产油量与累积产水量曲线。结果表明:黄 219 区含水率为 98%时的累积采油量为 100.31×10^4t,地质储量采收率为 8.89%。盐 67 井区含水率为 98%时的累积采油量为 48.96×10^4t,地质储量采收率为 10.88%。盐 67 区水驱效果要比黄 219 区好,从图 7-2 也明显看出,盐 67 区水驱特征曲线斜率逐渐变小,水驱状况逐步变好。

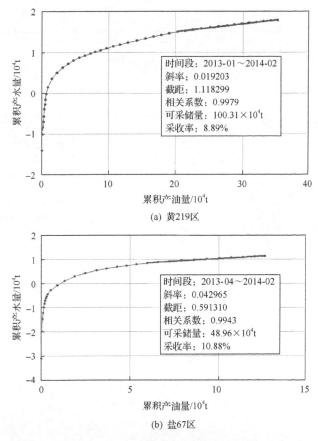

图 7-1 黄 219、盐 67 区累积产油量与累积产水量曲线

二、含水率与采出程度关系

图 7-2 为黄 219 区、盐 67 区综合含水率与采出程度曲线图。从图 7-2 中可以看出：盐 67 区水驱储量动用程度高，存水率低，水驱效果较明显，曲线向采收率 30%方向发展；黄 219 区水驱效果稍微较差，曲线向采收率 25%方向发展。

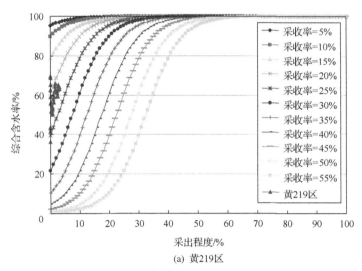

(a) 黄219区

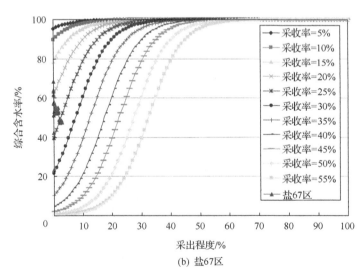

(b) 盐67区

图 7-2　黄 219、盐 67 区综合含水率与采出程度曲线

三、存水率和水驱指数

图 7-3、图 7-4 为黄 219 区与盐 67 区的存水率与采出程度及水驱指数与含水率关系曲线。从图 7-3、图 7-4 中可以看出，黄 219 区存水率随采出程度上升明显，水驱指数点大部分在注采比为 1 的曲线附近；盐 67 区存水率随采出程度上升较明显，水驱指数点大部分在注采比曲线下方。

表 7-1 为黄 219 区和盐 67 区的注水利用效果对比表，可以看出，两个井区的注水利用效果都较好。

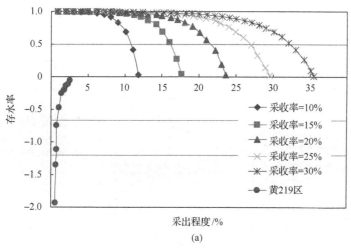

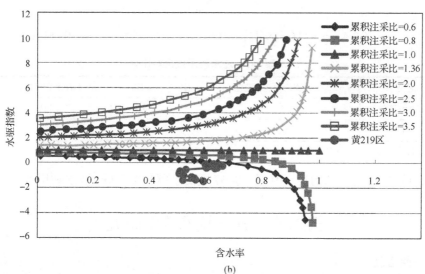

图 7-3　黄 219 区存水率与采出程度(a)及水驱指数与含水率(b)曲线

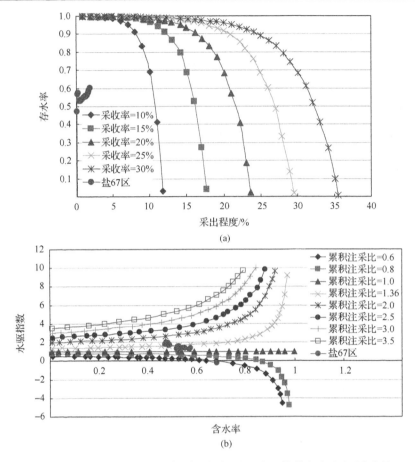

图 7-4 盐 67 区存水率与采出程度(a)及水驱指数与含水率(b)曲线

表 7-1 注水利用效果对比表

区块	水驱指数运行范围	注采比	注水利用效果
黄 219 区	−1.5～−0.08	1.00	较好
盐 67 区	−0.2～2.0	1.81	好

注：目前注采比指 2014 年注采比。

通过以上分析，认为黄 219 区、盐 67 区的水驱状况变好，注水利用效果较高。

第二节　开发技术政策研究

一、井网密度

科学合理的井网密度要使井网对储层的控制程度尽可能大，要能建立有效的驱替压力系统，要使单井控制可采储量高于经济极限值，也要能满足油田的合理采油速度、采收率及经济效益等指标。

井网的计算方法有很多种：采液吸水指数法、合理采油速度法、单井产能法、注采平衡法、水驱控制程度法、分油砂体法、最终采收率法、单井控制储量法、经济极限井网密度法等。

(一)满足标定水驱采收率的井网密度

中国石油勘探开发研究院根据我国 144 个油田或开发单元的实际数据资料，按流度统计出最终采收率与井网密度的经验公式。

当流度小于 5 时，最终采收率与井网密度的经验公式为

$$E_R = E_D e^{-0.10148s} \tag{7-1}$$

式中，E_R 为采收率；E_D 为微观水驱油采收率；s 为井网密度，hm^2/井。

计算时，E_D 取 0.4138，则黄 219 区长 9 平均渗透率为 0.89mD，且地层原油黏度为 1.07mPa·s，流度为 0.95mD·(mPa·s)$^{-1}$；盐 67 区长 8 平均渗透率为 2.5mD，且地层原油黏度为 1.07mPa·s，流度为 2.67mD·(mPa·s)$^{-1}$。计算得到经验井网密度与采收率曲线，如图 7-5 所示。

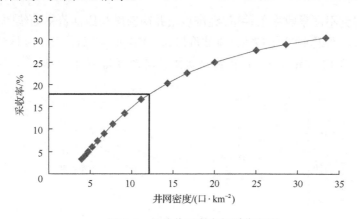

图 7-5 经验井网密度与采收率图

据此，按注水开发最终采收率为 17%计算，相应的井网密度均为 12.7 口/km^2。

(二)经济极限井网密度公式

根据在开发评价期内，单位面积总投资和盈利持平的原理，可得到经济极限井网密度计算公式：

$$f_{\min} = \frac{\alpha_0 E_R V(L - O - \text{TAX})}{(I_d + I_b + I_e)(1+R)^{T/2}} \qquad (7-2)$$

式中,$f_{\min}$ 为经济极限井网密度,口·km^{-2};α_0 为原油商品率;E_R 为采收率;V 为储量丰度,10^4t·km^{-2};L 为原油价格,元·t^{-1};O、TAX 分别为吨油成本和吨油销售税,元·t^{-1};I_d 为单井钻井采油投资,万元;I_b 为单井地面建设投资,万元;I_e 为单井勘探费用,万元;$I_d + I_b + I_e$ 为单井基本建设总投资,万元;R 为贷款年利率;T 为评价年限,年。

计算时:α_0 取 0.957,V 取 107.7(黄 219 区)、54.8(盐 67 区),(O+TAX)取定值 420,单井基本建设总投资取 420(黄 219 区)、400(盐 67 区),R 取 0.0756,T 取 12。具体见表 7-2。

表 7-2 计算参数取值表

区块	原油商品率	储量丰度/(10^4t·km^{-2})	成本与税/(元·t^{-1})	单井基本建设总投资/万元	贷款年利率	评价年限/年
黄 219	0.957	107.7	600	420	0.0756	12
盐 67	0.957	54.8	600	400	0.0756	12

计算得到不同采收率条件下,经济极限井网密度与原油价格曲线图,如图 7-6、图 7-7 所示。当采收率为 17%、原油价格为 2000 元·t^{-1} 时,黄 219 区经济极限井网密度为 37.7 口·km^{-2},盐 67 区经济极限井网密度为 20.1 口·km^{-2}。

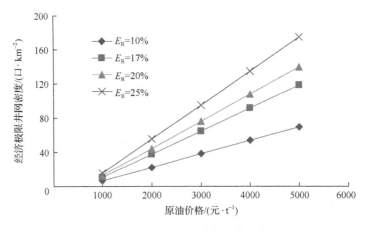

图 7-6 黄 219 区经济极限井网密度图

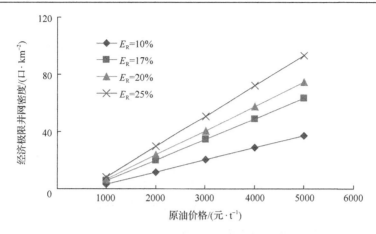

图 7-7　盐 67 区经济极限井网密度图

二、井排距计算

（一）技术极限井距方法

$$r = 3.226 \times (P_i - P_{wfi}) \times \left(\frac{K}{\mu}\right)^{0.5992} \tag{7-3}$$

式中，r 为技术极限井距，m；P_i 为地层压力，MPa；P_{wfi} 为油井井底流压，MPa；K 为有效渗透率，mD；μ 为地下原油黏度，mPa·s。

黄 219 区：地层压力取 19.4MPa，渗透率取 10.97mD，原油黏度取 1.07mPa·s。盐 67 区：地层压力取 17.1MPa，渗透率取 14.1mD，原油黏度取 1.07mPa·s。得到不同流压下的技术极限井距，如图 7-8、图 7-9 所示。

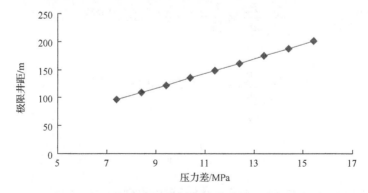

图 7-8　黄 219 区技术极限井距图

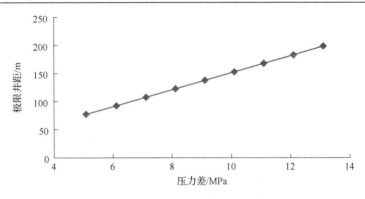

图 7-9 盐 67 区技术极限井距图

黄 219 区合理油井井底流压取 3.2MPa，则压力差为 16.2MPa，其合理井距为 210m；盐 67 区合理油井井底流压取 4.0MPa，则压力差为 13.1MPa，合理井距为 190m。

(二) 主向渗透率法确定井距

低渗透油田排距的大小主要与低渗透油藏基质岩块渗透率和裂缝密度有关，基质岩块渗透率越低，裂缝密度越小，排距应该越小，反之应该越大。因此，其开发井网的排距主要根据油藏基质岩块渗透率的大小决定，合理的井网排距有助于建立合理的注采压差，取得较好的注水效果。

假设 x 方向为主应力方向，且主向渗透率与侧向渗透率之比定义为 $m = K_x / K_y$，只有在主侧向注采井距同时满足合理注采井距时，驱替效果才最好，因此：

$$\frac{P_H - P_{wf}}{\ln\frac{2b}{r_w}} \times \frac{2}{2b} = \lambda_1 = 0.0608 K_y^{-1.1522} \tag{7-4}$$

$$\frac{P_H - P_{wf}}{\ln\frac{a}{r_w}} \times \frac{2}{a} = \lambda_1 = 0.0608 K_x^{-1.1522} \tag{7-5}$$

$$\frac{a}{b} = R_{ab} \tag{7-6}$$

联立式(7-4)~式(7-6)，令 $r_w = 0.1$，可以得到：

$$\frac{2}{R_{ab}} \times \frac{2.9957 + \ln b}{\ln R_{ab} + \ln b + 2.3026} = m^{-1.1522} \tag{7-7}$$

式中，R_{ab} 为井排距之比；m 为主向渗透率与侧向渗透率之比，相当于裂缝渗透率与基质渗透率之比。

根据式(7-7)，计算得到考虑裂缝的不同井距条件下的排距曲线图(图 7-10)，以及考虑裂缝的不同排距条件下的井距曲线图(图 7-11)。

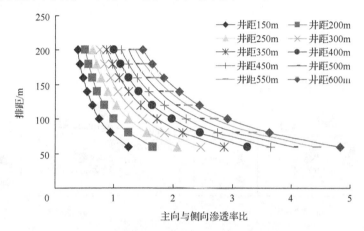

图 7-10　考虑裂缝不同井距条件下的排距曲线图

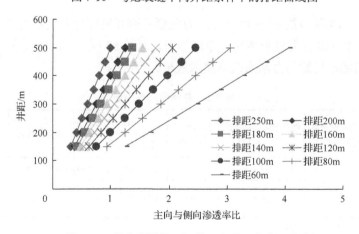

图 7-11　考虑裂缝的不同排距条件下的井距曲线图

当主向渗透率与侧向渗透率之比 m 取 2.0 时：黄 219 区，井距为 460～500m，排距为 110～130m，井网为 470m×130m，井距合适；盐 67 区，井距为 400～460m，排距为 100～120m，井网为 450m×170m，合适排距为 120m 左右，排距偏大，后期有较大的加密空间。

三、井网适应性评价

黄219区2014年采用470m×130m菱形反九点井网,井网密度约16.36km^{-2},如图7-12(a)所示。在该井网形式下,油藏产能和含水率基本保持稳定,综合来看,该井网适应性较好。

盐67区块采用450m×170m的菱形反九点井网,井网密度约13.07km^{-2},如图7-12(b)所示。在该井网形式下,注水已见效,油藏产能和含水率基本保持稳定,井网适应性尚可。

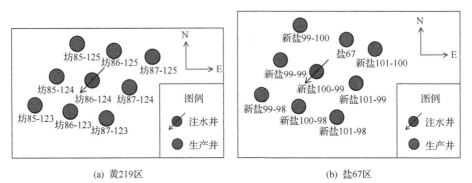

图7-12 研究区2014年井网示意图

总结黄219区与盐67区两个井区的主要井网开发评价参数范围值,见表7-3。可以看出,黄219区井网可暂时不考虑加密,而盐67区,当高压欠注严重时,可适当考虑用缩小排距的办法来改善注水效果。

表7-3 井网适应性评价表

区块	经验井网密度/(口·km^{-2})	经济极限井网密度/(口·km^{-2})	技术极限井距/m	主向渗透率法		目前井网/m	井网适应性
				井距/m	排距/m		
黄219区	12.7	37.7	150	460~500	110~130	470×130	合适
盐67区		20.1	180	400~460	100~120	450×170	排距偏大,可调整

注:目前井网指2014年井网。

四、压力系统设计

(一)地层压力保持水平

由于超低渗透油藏压力敏感性强,采用超前注水能较好保持地层压力,根据安塞、靖安、西峰、姬塬等油田超前注水开发经验,压力保持水平在110%时开发效果较好。

建议研究区块地层压力保持水平为110%。黄219区长9油层组原始地层压力为23MPa，实施超前注水开发后地层压力保持在19.4MPa左右；盐67区长8油层组原始地层压力为19.8MPa，实施超前注水开发后地层压力保持在17.1MPa左右。

从地层压力保持水平来看(表7-4)，黄219区油藏2011年、2012年、2013年平均地层压力分别为15.5MPa、19.19MPa、19.4MPa，压力保持水平分别为67.4%、83.4%、84.3%。注水见效，压力保持水平较高，但由于渗透率低，动态连通性差，部分注水井不吸水或吸水厚度下降，如出现有采无注现象，导致地层能量下降，因此整体压力保持水平偏低。

表7-4 黄219区地层压力保持水平表

年份	平均地层压力/MPa	原始地层压力/MPa	压力保持水平/%
2011年	15.5	23	67.4
2012年	19.19	23	83.4
2013年上半年	20.8	23	90.4
2013年	19.4	23	84.3

盐67区油藏2013年平均地层压力为17.1MPa，原始地层压力为19.8MPa，压力保持水平仅为86.4%。盐67区2012年5月动用，同月开始注水，注水受效有限，高压欠注严重，压力保持水平为不高，但比黄219区压力保持水平稍高，这种现象与其同步注水有关。

(二)合理地层压力

1. 方法一：矿场统计方法

对黄219区10口生产井的试井资料进行统计，得到表7-5的压力保持水平统计表，认为黄219区块原始地层压力为23MPa，2013年地层压力19.4MPa，压力保持水平84.3%，而矿场统计地层压力介于11.73~25.4MPa之间，压力保持水平51%~110%。因此，总体地层压力水平偏低。

统计盐67区8口生产井的试井资料，得到表7-6的压力保持水平统计表。盐67区原始地层压力19.8MPa，目前地层压力17.1MPa，压力保持水平86.4%，矿场统计地层压力介于8.7~21.4MPa之间，压力保持水平44%~108%，所以可以看出，目前地层压力偏低。

表 7-5 黄 219 区油井(长 9 油层)压力保持水平统计表

井号	井型	层位	时间范围	地层压力/MPa	原始地层压力/MPa	压力保持水平/%
坊 84-123	油井	长 9	2012-3-25～2012-4-15	11.73	23	51.00
坊 88-123	油井	长 9	2012-3-31～2012-4-20	15.60	23	67.83
坊 81-122	油井	长 9	2012-6-6～2012-6-26	25.40	23	110.43
坊 86-121	油井	长 9	2012-7-1～2012-7-19	18.30	23	79.57
坊 88-123	油井	长 9	2012-8-25～2012-9-15	16.00	23	69.57
坊 87-121	油井	长 9	2012-10-27～2012-11-14	20.68	23	89.91
坊 85-124	油井	长 9	2012-10-25～2012-11-14	16.98	23	73.83
坊 74-120	油井	长 9	2012-5-04～2012-5-20	25.30	23	109.99
坊 90-122	油井	长 9	2012-4-26～2012-5-11	21.01	23	91.37
坊 74-123	油井	长 9	2012-10-28～2012-11-17	20.9	23	90.87

表 7-6 盐 67 区油井(长 8 油层)压力保持水平统计表

井号	井型	层位	时间范围	地层压力/MPa	原始地层压力/MPa	压力保持水平/%
新盐 113-94	油井	长 8	2013-4-7～2013-4-26	15.60	19.8	78.79
新盐 114-96	油井	长 8	2013-3-26～2013-4-14	14.80	19.8	74.75
新盐 101-100	油井	长 8	2013-3-21～2013-4-6	21.40	19.8	108.08
新盐 104-98	油井	长 8	2013-4-21～2013-5-11	16.60	19.8	83.84
新盐 109-96	油井	长 8	2013-2-28～2013-3-20	20.34	19.8	102.73
新盐 111-97	油井	长 8	2013-4-17～2013-5-7	11.74	19.8	59.29
新盐 101-97	油井	长 8	2013-7-24～2013-8-13	20.80	19.8	105.05
新盐 98-100	油井	长 8	2013-7-24～2013-8-13	8.70	19.8	43.94

2. 方法二：根据静水柱压力确定合理地层压力

将所研究油藏的油层中部深度折算成对应高度的静水柱压力，取该压力的 80%就可以得到合理地层压力，计算结果见表 7-7。

表 7-7 按 80%静水柱压力确定各区块的合理地层压力

区块	油层中部深度/m	合理地层压力/MPa
黄 219 区	2542～2945	20.3～23.5
盐 67 区	2605	20.8

通过按 80%静水柱压力确定各区块的合理地层压力的方法可知，合理地层压力平均为 21MPa 左右，但黄 219 区地层压力 19.4MPa，有点偏低；盐 67 区地层压力 17.1MPa，与合理地层压力相差比较大。

两个区块的合理地层压力总结见表 7-8。由表 7-8 可以看出，两个区块压力保持水平均低于 90%，地层压力偏低。

表 7-8 合理地层压力总结表

油藏	长 9 油层	长 8 油层
区块	黄 219	盐 67
原始地层压力/MPa	23	19.8
目前地层压力/MPa	19.4(84.3%)	17.1(86.4%)
合理地层压力/MPa(方法一)	11.7~25.4(55.1%~110%)	8.7~21.4(44%~108%)
合理地层压力/MPa(方法二)	21.9(95.2%)	20.8(105.1%)
目前地层压力是否合理	偏低	偏低

(三) 生产井合理流压

1. 根据合理泵效确定最小流压

根据油层深度、泵型、泵深，不同含水率条件下保证泵效所要求的泵口压力，由泵口压力可以计算最小合理流压。

合理泵效与泵口压力的关系如下：

$$N = \frac{1}{\left(\dfrac{F_{go}-a}{10.197 P_p}+B_t\right)\times(1-f_w)+f_w} \quad (7\text{-}8)$$

式中，N 为泵效；P_p 为泵口压力，MPa；F_{go} 为气油比，$m^3 \cdot t^{-1}$；a 为天然气溶解系数，$m^3 \cdot (m^3 \cdot MPa)$；$f_w$ 为综合含水率，小数；B_t 为泵口压力下的原油体积系数。

根据式(7-8)计算出不同含水时期泵效与泵口压力的关系，如图 7-13、图 7-14 所示。低渗透油藏渗流条件差，要求泵效达到 40% 即可，从而可得出不同含水时期泵口压力值。

最小流动压力与泵口压力的关系式为

$$P_{wf} = P_p + \frac{H_m - H_p}{100}\times\left[\rho_o\times(1-f_w)+\rho_w\times f_w\right]\times F_x \quad (7\text{-}9)$$

式中，P_{wf} 为最小合理流压，MPa；P_p 为泵口压力，MPa；ρ_o 为动液面以下、泵口压力以上原油平均密度，$g\cdot cm^{-3}$；H_m 为油层中部深度，m；H_p 为泵下入深度，m；F_x 为液休密度平均校正系数。

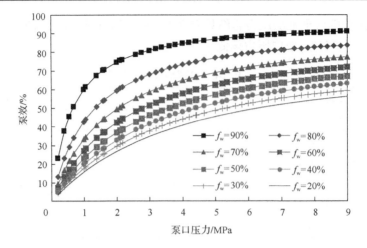

图 7-13 黄 219 区泵效与泵口压力图

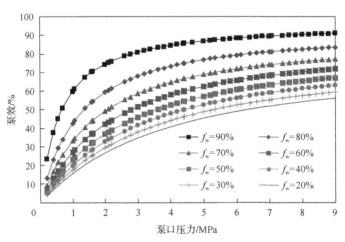

图 7-14 盐 67 区泵效与泵口压力图

气油比取 75.7，天然气溶解系数取 8.676，黄 219 区油层中部深度取 2743m，盐 67 油层中部深度取 2605m。根据泵口压力和最小流压的关系求出最小流压，得到最小流压与综合含水率关系，如图 7-15、图 7-16 所示。

黄 219 区初期含水率为 54%，应用式(7-9)即可求得黄 219 区最小流压为 3.9MPa 左右；黄 219 区目前含水率为 62%，应用式(7-9)即可求得黄 219 区最小流动压力为 3.2MPa 左右。

盐 67 区初期含水率为 57%，应用式(7-9)即可求得盐 67 区最小流动压力为 3.4MPa 左右；盐 67 区目前含水率为 48%，应用式(7-9)即可求得盐 67 区最小流动压力为 4.0MPa 左右。

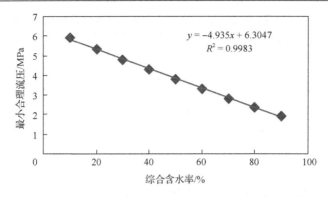

图 7-15　黄 219 区最小合理流压与综合含水率图

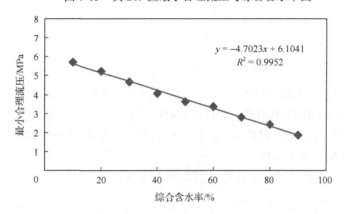

图 7-16　盐 67 区最小合理流压与综合含水图

2. 根据饱和压力确定油井的流压

低渗透油藏油井采油指数小,为了保持一定的油井产量,需降低流压,加大生产压差;但对于饱和压力较高的油藏,如果流压低于饱和压力太多,那么会引起油井脱气半径扩大,使液体在油层和井筒中流动条件变差,对油井的正常生产造成不利影响。

根据同类油藏开发经验,生产井合理流压应不低于饱和压力的 2/3,最低流动压力为饱和压力的 50%,否则会引起油井脱气半径扩大,降低油层的渗流能力。

黄 219 区油藏饱和压力取 8.3MPa,由此计算的生产井合理流压为 4.2~5.5MPa;盐 67 区油藏饱和压力为 8.7MPa,由此计算的生产井合理流压为 4.4~5.8MPa,见表 7-9。

综合以上论证,优化黄 219 区长 9 油层组油井合理流压为 3.0~5.0MPa,盐 67 区长 8 油层油井合理流压为 4.0~5.5MPa。

表 7-9　黄 219 与盐 67 井区目前合理及最低流压数据表

确定方法	项目	黄 219 区	盐 67 区
利用泵效	最小流压/MPa	3.2	4.0
饱和压力法	合理流压/MPa	5.5	5.8
	最低流压/MPa	4.2	4.4
综合取值		3.0～5.0	4.0～5.5

(四)合理生产压差

1. 方法一：根据合理压力保持水平和合理流压确定。

根据前面确定的合理地层压力保持水平和合理流压，即可确定生产压差：

$$\Delta P = P_\text{i} - P_\text{wf} \tag{7-10}$$

式中，ΔP 为生产压差，MPa；P_i 为地层压力，MPa；P_wf 为井底流压，MPa；

投产初期，实施超前注水，黄 219 区、盐 67 区地层压力保持在原始地层压力的 110%，即 22.0MPa、20.8MPa 左右油井投产，黄 219 区合理流压为 3.0～5.0MPa，则生产压差为 17.0～19.0MPa，盐 67 区合理流压为 4.0～5.5MPa，生产压差为 15.3～16.8MPa，见表 7-10。

2. 方法二：根据目前地层压力和合理流压确定

由于特渗透油藏的物性差，压力传导慢，生产井投产一定时间后，地层压力降至原始地层压力附近。另外根据长庆油田开发经验，特低渗透油层压力保持在原始地层压力附近，可以保证油井有足够的生产能力及合理的开采速度，黄 219 区目前地层压力为 19.4MPa，合理流压为 3.0～5.0MPa，则合理生产压差为 14.4～16.4MPa；盐 67 区目前地层压力为 17.1MPa，合理流压为 4.0～5.5MPa，则合理生产压差为 11.6～13.1MPa，见表 7-10。

表 7-10　生产压差确定表

区块	确定方法	地层压力/MPa	合理流压/MPa	最大生产压差/MPa
黄 219 区	方法一	22.0	3.0～5.0	17.0～19.0
	方法二	19.4	3.0～5.0	14.4～16.4
盐 67 区	方法一	20.8	4.0～5.5	15.3～18.8
	方法二	17.1	4.0～5.5	11.6～13.1

综合上述两种方法，黄 219 区合理生产压差为 15.0～18.0MPa，盐 67 区合理生产压差为 13.0～16.0MPa。

(五)注水井井口最大注水压力

注水井最大流压主要受破裂压力的限制,根据经验其一般不超过破裂压力的80%~90%。黄219区油层破裂压力为36.1MPa,盐67区为38.0MPa,按照破裂压力的80%计算,则注水井最大井底流压黄219区为28.9MPa、盐67区为30.4MPa,考虑液柱压力和井筒摩阻损失后,注水井井口最大压力分别为10.0MPa、9.1MPa。

根据表7-11的计算结果,黄219区注水井井口压力可再上调1MPa左右;而盐67区目前注入压力比最大井口压力大7.4MPa,说明,盐67区为高压注入区,即注入困难,要采取强力增注措施,以降低注入压力。

表7-11 黄219区与盐67区最大注水压力表

区块	破裂压力/MPa	最大井底流/MPa	最大井口压力/MPa	目前注入压力/MPa	调整余地
黄219	36.1	28.9	10.0	8.9	可再上调1MPa
盐67	38.0	30.4	9.1	16.5	不正常

(六)注水井合理井口压力

应根据平面压裂停泵压力分布规律确定单井的合理注水压力。停泵压力是裂缝延伸压力的下限,注水井合理流压主要受裂缝延伸压力的限制,因此可以根据压裂时停泵压力来确定注水井合理井口压力;结合吸水指示曲线的发生点的压力即裂缝开启压力,可以确定黄219区注水井合理井口压力为8.9~9.5MPa,盐67区注水井合理井口压力为9~15MPa,见表7-12。

表7-12 黄219区与盐67区合理井口压力表

区块	停泵压力/MPa	平均停泵压力/MPa	推荐注水压力/MPa	目前平均注入压力/MPa
黄219	5.0~17.7	9.5	8.9~9.5	8.9
盐67	8.5~21	15.7	9~15	16.5

注:目前平均注入压力指表7-5和表7-6中的时间。

五、注水时机及注水强度设计

(一)注水时机

对于注水井,不稳定传播期到拟稳态的时间 t 即为超前注水的最佳时机。油田开发到 t 时刻时,由物质平衡原理可知:

$$(P_i - P_w) - (\bar{P} - P_w) = \frac{-QtB}{24 Ah\phi C_t} \tag{7-11}$$

将其代入相应的压力传播公式,有

$$\frac{-2.121\mu QB}{Kh}\left[\lg\frac{Kt}{\phi\mu C_t r_w^2}+0.9077+0.8686Sg-\frac{4\pi r_e^2}{1.781C_A r_w^2}-0.8686S\right]=\frac{-QtB}{24Ah\phi C_t} \tag{7-12}$$

式中，μ 为流体粘度，mPa·s；q 为液量，m³/d；B 为体积系数，m³/m³；K 为储层渗透率，mD；h 为储层厚度，m；t 为时间，h；φ 为孔隙度，%；C_t 为综合压缩系数，MPa⁻¹；r_w 为井半径，m；S 为污染系数，小数；r_e 为边界半径，m；C_A 为形状因子；A 为流体流过面积，m²。

最终，计算注水的最佳时机公式为

$$\lg\frac{1.781tKC_A}{\phi\mu C_t 4\pi r_e^2}+0.9077=\frac{tK}{24\times2.121\pi r_e^2\phi\mu C_t} \tag{7-13}$$

根据上述理论，注水时机的计算结果见表 7-13。

表 7-13 注水时机表（单位为国际单位制）

类型		黄 219 区		盐 67 区	
		参数取值	注水时机/月	参数取值	注水时机/月
不考虑启动压力梯度	静态数据	K=0.89, r_e=278, C_t=0.00152	15	K=2.5, r_e=280, C_t=0.00152	4.6
	动态数据	K=10.97, r_e=470, C_t=0.00152	3.5	K=14.1, r_e=450, C_t=0.00152	2.1
考虑启动压力梯度	G=0.001	K=10.97, r_e=470, C_t=0.00152, Q=26, h=22, B=0.8	5.8	K=14.1, r_e=450, C_t=0.00152, Q=26, h=22, B=0.8	4.5
	G=0.005	K=10.97, r_e=470, C_t=0.00152, Q=26, h=22, B=0.8	14.5	K=14.1, r_e=450, C_t=0.00152, Q=26, h=22, B=0.8	12.1
	G=0.01	K=10.97, r_e=470, C_t=0.00152, Q=26, h=22, B=0.8	25.2	K=14.1, r_e=450, C_t=0.00152, Q=26, h=22, B=0.8	21.5

(1)根据静态数据计算的最佳注水时机可知：黄 219 区为 15 个月，盐 67 区为 4.6 个月；

(2)根据动态数据计算的最佳注水时机可知：黄 219 区为 3.5 个月，盐 67 区为 2.1 个月；

(3)考虑启动压力梯度时(G=0.001)注水时机为：黄 219 区为 5.8 个月，盐 67 区为 4.5 个月。

根据其他鄂尔多斯盆地注水时机为超前 3~5 个月的经验，确定注水时机为：黄 219 区为 4.7 个月，盐 67 区为 3.3 个月。

(二)注水强度

应用考虑启动压力梯度和变形介质的直井拟稳态流动注水量公式计算注水量：

$$Q_i = \frac{2\pi k h}{\alpha_k B_w \mu_w} \frac{1-\exp\left\{-\alpha_k\left[(P_H - \bar{P}) - \lambda(0.610\sqrt{A} - r_w)\right]\right\}}{\ln\left(\frac{0.610\sqrt{A}}{r_w} - 0.75\right)} \quad (7-14)$$

式中，P_H 为注入压力，MPa；$\bar{P}$ 为储层平均压力，MPa；α_k 为介质变形系数，小数；λ 为启动压力梯度，MPa/m。储层厚度 h 取 22m，根据式(7-14)计算黄 219 区、盐 67 区注水强度分别为 1.27m³·d⁻¹·m、1.28m³·d⁻¹·m，见表 7-14。对注水强度进行转换后，计算得到黄 219 区单井注水量为 27.9m³·d⁻¹，与目前注水量 28.0m³·d⁻¹ 符合；盐 67 区单井注水量为 28.2m³·d⁻¹，与目前注水量 28.3m³·d⁻¹ 符合。

表 7-14 油井投产后注水参数表

区块	渗透率/mD	变形系数	启动压力梯度/(MPa·m⁻¹)	水体积系数	水黏度/(mPa·s)	注入压力/MPa	平均地层压力/MPa	有效边界半径/m	油藏面积/m²	注水强度(m³·m/d)
黄 219	9.0	0.072	0.004	1	1.07	27.9	23.0	470	693889	1.27
盐 67	3.4	0.100	0.016	1	1.07	37.8	19.8	450	635847	1.28

六、合理采油速度及单井采液强度

(一)合理采油速度确定

经过对国内 5 个油田设计和实际达到的采油速度资料进行统计，结果表明，采油速度和流动系数与井网密度存在着一定的关系，如式(7-15)所示：

$$V_o = \left[\lg\left(\frac{Kh}{\mu}\right)\right]^{0.82725} + 2.7345\eta^{-0.3163} - 0.7545 \quad (7-15)$$

式中，V_o 为采油速度，%；K 为渗透率，mD；h 为有效厚度，m；μ 为原油黏度，mPa·s；η 为井网密度，口·km⁻²。

根据式(7-15)计算出的黄 219 区、盐 67 区的合理采油速度，见表 7-15。

表 7-15 合理采油速度确定

区块	层位	渗透率/mD	油黏度/(mPa·s)	油层有效厚度/m	井网密度/(口·km⁻²)	合理采油速度/%	目前采油速度/%
黄 219	长 9	9.0	6	22	16.36	1.79	1.25
盐 67	长 8	3.4	5	22	13.07	1.60	1.74

从表 7-15 中可以看出，黄 219 区目前采油速度为 1.25%，与合理采油速度相比偏低，并没有达到开采预期目标；盐 67 区目前采油速度高于合理采油速度。

(二)单井产能强度

1. 根据低渗透油藏单井产能预测方法

考虑启动压力梯度和变形介质的低渗透油藏直井产能公式:

$$Q = \frac{2\pi Kh}{\alpha_k B_o \mu_o} \cdot \frac{1-\exp\left\{-\alpha_k\left[(\bar{P}-P_w)-\lambda(0.610\sqrt{A}-r_w)\right]\right\}}{\ln\left(\dfrac{0.610\sqrt{A}}{r_w}-0.75\right)} \tag{7-16}$$

式中单位为达西单位制。可计算出黄 219 区单井平均产量为 $3.7t\cdot d^{-1}$;盐 67 区单井平均产量为 $4.8t\cdot d^{-1}$,见表 7-16。

表 7-16 研究区单井产能计算结果表

区块	渗透率/mD	油层厚度/m	变形系数	启动压力梯度/(MPa·m^{-1})	油体积系数	油黏度/(MPa·s)	注入压力/MPa	平均地层压力/MPa	有效边界半径/m	产能(t·d^{-1})
黄 219	10.97	6	0.8	0.002	1.07	1.3	19.4	4.0	470	3.7
盐 67	14.10	3	0.4	0.003	1.07	1.3	17.1	4.5	450	4.8

2. 试油产量折算法

对于长庆油田特低渗油藏,生产井的压裂试油产量仅反映近井地带局部范围的采油能力,反映供液半径范围内采油能力的初期产量往往较试油产量低很多,根据长庆油田同类岩性油藏的生产经验,两者之间往往存在一定的关系。

统计分析黄 219 区长 9 油层组试油产量与初期产量之间的数据,如图 7-17 所示,得出试油产量分别与初期产量的关系曲线,可以预测该区平均单井日产油为 3.1t,水平井区域平均单井产油量为 $5.6t\cdot d^{-1}$。

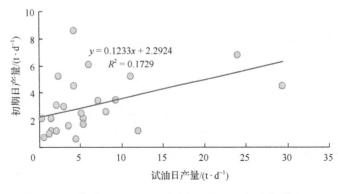

图 7-17 黄 219 区试油产量与初期产量关系图

统计分析盐 67 区长 8 油层组试油产量与初期产量之间的数据，如图 7-18 所示，得出试油产量分别与初期产量的关系曲线，可以预测该区平均单井日产油为 4.7t。

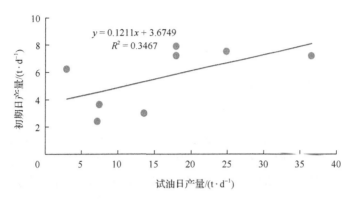

图 7-18　盐 67 区试油产量与初期产量关系图

综合以上两种方法计算结果可知，黄 219 区单井平均产能取 $3.4t\cdot d^{-1}$；盐 67 区单井平均产能取 $4.8t\cdot d^{-1}$。

七、合理注采比

（一）油藏工程方法

注采比是表征油田注水开发过程中注采平衡状况，反映产液量、注水量与地层压力之间联系的一个综合性指标，是规划和设计油田注水量的重要依据。合理的注采比是保持合理的地层压力，从而使油田具有旺盛的产液、产油能力，降低无效能耗，并取得较高原油采收率的重要保证。

$$R_{ij} = f_w - \frac{C_t V \Delta P (1-f_w) - q_o B_o (1-f_w)}{q_w B_w} \tag{7-17}$$

式中，R 为注采比；B_o 为油的体积系数；B_w 为水的体积系数；C_t 为油层综合压缩系数，MPa^{-1}；V 为油层体积，m^3；ΔP 为压力变化；q_o 为日产油量，$t\cdot d^{-1}$；q_w 为日注水，m^3。

（二）矿场数理统计方法

统计注采比与日产油量、注采比与含水率的关系，得到合理注采比，如图 7-19 所示。

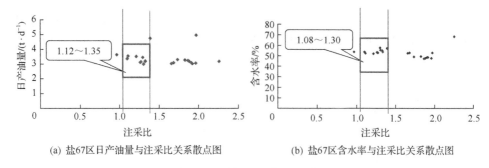

(a) 盐67区日产油量与注采比关系散点图　　(b) 盐67区含水率与注采比关系散点图

图 7-19　盐 67 区合理注采比图

按理论计算，黄 219 区合理注采比为 0.85，盐 67 区合理注采比为 0.88；根据矿场统计方法计算，黄 219 区合理注采比为 0.90，盐 67 区合理注采比为 1.21。综合两种方法的计算结果，确定黄 219 区和盐 67 区的合理注采比分别为 0.88 和 1.04，见表 7-17。

表 7-17　黄 219 区与盐 67 区注采情况统计表

区块	黄 219 区	盐 67 区
油藏工程合理注采比（方法一）	0.85	0.88
矿场统计注采比（方法二）	0.90	1.21
合理注采比	0.88	1.04
目前注采比	1.12	1.96
目前注采比的合理性	偏高	偏高

通过合理注采比与目前注采比的对比，可知，目前注采比偏高。

本 章 小 结

通过对水驱特征、含水率与采出程度、井网适应性、地层压力保持水平、合理地层压力、注入量、生产压差、采油速度、单井产能及合理注采比的计算和分析，得到如下技术政策认识：

(1) 水驱特征曲线斜率逐渐变小，水驱状况逐步变好。

(2) 虽然目前存水率都在采收率 10% 以下运行，但水驱指数在目前注采比曲线附近，注水利用率较高。

(3) 目前反九点井网使产能和含水率基本保持稳定，井网适应性好。

(4) 地层压力保持在 85%，目前地层压力低于合理地层压力。

(5) 黄 219 区合理流压为 3.0~5.0MPa，生产压差为 15.0~18.0MPa，注水井

合理井口压力为 8.9~9.5MPa；盐 67 区合理流压为 4.0~5.5MPa，生产压差为 13.0~16.0MPa，合理井口压力为 9~16MPa。

(6)超前注水时机，黄 219 区为 4.7 个月，盐 67 区为 3.3 个月。黄 219 区单井注水量为 27.9$m^3 \cdot d^{-1}$，盐 67 区为 28.2$m^3 \cdot d^{-1}$。

(7)黄 219 区目前采油速度 1.25%，与合理值相比偏低，盐 67 区目前采油速度高于合理采油速度。黄 219 区单井产能为 3.4$t \cdot d^{-1}$；盐 67 区单井产能为 4.8$t \cdot d^{-1}$；黄 219 区、盐 67 区高于合理注采比。

参 考 文 献

白喜俊, 王延斌, 常毓文, 等. 2009. 高含水油田面临的形势及对策. 中国国土资源经济, 22(11): 21-22.
白旭, 陈守民, 周兵, 等. 2012. 红井子地区长 91 油藏储层特征研究与评价. 石油化工应用, 31(3): 74-78.
陈忠, 费浦生. 2003. 求解凸规划问题的改进拟牛顿法. 广西师范学院学报(自然科学版), 20(1): 8-11.
杜庆龙. 2016. 长期注水开发砂岩油田储层渗透率变化规律及微观机理. 石油学报, 37(9): 1159-1164.
盖平原. 2011. 注采井井间连通性的定量研究. 油气田地面工程, 30(2): 19-21.
葛家理, 周德华, 同登科. 1998. 复杂渗流系统的应用与实验流体力学. 东营: 石油大学出版社.
付金华, 李士祥, 刘显阳, 等. 2012. 鄂尔多斯盆地上三叠统延长组长 9 油层组沉积相及其演化. 古地理学报, 14(3): 269-284.
韩德金, 张凤莲, 周锡生, 等. 2007. 大庆外围低渗透油藏注水开发调整技术研究. 石油学报, 28: (1): 83-86.
胡寿松. 2001. 自动控制原理(第四版). 北京: 科学出版社.
计秉玉, 战剑飞, 苏致新. 2000. 油井见效时间和见水时间计算公式. 大庆石油地质与开发, 19(5): 24-26.
焦养泉, 李祯. 1995. 河道储层砂体中隔挡层的成因与分布规律. 石油勘探与开发, (4): 78-81.
李成勇, 罗璇宇, 伍勇, 等. 2010. 元 120 长 $2\frac{1}{2}$ 油藏注水见效及井间连通性研究. 新疆石油天然气, 6(2): 55-58.
李欢, 王小琳, 任志鹏, 等. 2012. 注入水水质对姬塬长 8 油藏储层伤害的影响研究. 科学技术与工程, 12(24): 6003-6007.
廖红伟, 王琛, 左代荣. 2002. 应用不稳定试井判断井间连通性. 石油勘探与开发, 29(4): 87-89.
刘振宇, 张大为, 曾昭英, 等. 2000. 脉冲试井分析方法的改进. 重庆大学学报, 23(s1): 210-212.
路琳琳, 杨作明, 孙贺东, 等. 2012. 动静态资料相结合的气井连通性分析——以克拉美丽气田火山岩气藏为例. 天然气工业, 32(12): 58-61.
吕国祥, 张津, 刘大伟, 等. 2010. 高含水油田提高水驱采收率技术的研究进展. 钻采工艺, 33(2): 55-57.
钱志, 胡心红, 杨宏伟, 等. 2008. 综合利用多种测井曲线进行地层划分与对比. 石油管材与仪器, 22(5): 46-47.
石志敏. 2005. 隔夹层发育状况对堵水调剖效果的影响分析——以胜坨油田二区沙二 1-2 单元为例. 石油地质与工程, 19(4): 36-37.
唐焕文, 秦学志. 2004. 实用最优化方法. 大连: 大连理工大学出版社.
万新德, 吴逸. 2006. 脉冲试井在油田开发中的应用. 特种油气藏, 13(3): 66-69.
王云枫, 塞军, 赵辉, 等. 2013. 红井子-马坊地区长 8 长 9 油藏储层特征及影响因素分析. 石油化工应用, 32(1): 64-68.
王文霞, 李治平. 2011. 长 8 油藏超前注水压力保持水平研究[J]. 中外能源, 16(3): 52-55.
文志刚, 朱丹, 李玉泉, 等. 2004. 应用色谱指纹技术研究孤东油田六区块油层连通性. 石油勘探与开发, 31(1): 82-83.
袁亚湘, 孙文瑜. 1999. 最优化理论与方法. 北京: 科学出版社.
张明安. 2011. 油藏井间动态连通性反演方法研究. 油气地质与采收率, 18(3): 70-73.
张尚锋, 张昌民, 伊海生, 等. 2000. 双河油田核三段 Ⅱ 油层组内夹层分布规律. 沉积与特提斯地质, 20(4): 71-78.
张钊, 陈明强, 高永利. 2006. 应用示踪技术评价低渗透油藏油水井间连通关系. 西安石油大学学报(自然科学版), 21(3): 48-51.
赵辉, 李阳, 高达, 等. 2010. 基于系统分析方法的油藏井间动态连通性研究. 石油学报, 31(4): 633-636.

赵辉, 姚军, 吕爱民, 等. 2010. 利用注采开发数据反演油藏井间动态连通性. 中国石油大学学报(自然科学版), 34(6): 91-94.

赵迎月, 周红. 2006. 微构造对油水运动规律的影响. 新疆石油天然气, 2(1): 41-44.

周国文, 谭成仟, 郑小武, 等. 2006. H油田隔夹层测井识别方法研究. 石油物探, 45(5): 542-545.

朱红涛, 胡小强, 张新科, 等. 2002. 油层微构造研究及其应用. 海洋石油, 22(1): 30-37.

Albertoni A, Lake L W. 2003. Inferring interwell connectivity only from well-rate fluctuations in waterfloods. SPE Reservoir Evaluation & Engineering, 6(1): 6-16.

Dinh A V, Tiab D. 2008. Interpretation of interwell connectivity tests in a waterflood system. SPE Annual Technical Conference and Exhibition, Society of Petroleum Engineers.

Heffer K J, Fox R J, McGill C A, et al. 1997. Novel techniques show links between reservoir flow directionality, earth stress, fault structure and geomechanical changes in mature waterfloods. SPE Journal, 2(2): 91-98.

Jansen F E, Kelkar M G. 1997. Non-stationary estimation of reservoir properties using production data. SPE Annual Technical Conference and Exhibition, Society of Petroleum Engineers.

Kaviani D, Jensen J L, Lake L W. 2008. Estimation of Interwell connectivity in the case of fluctuating bottomhole pressures. Abu Dhabi: International Petroleum Exhibition and Conference. Society of Petroleum Engineers.

Liu F L, Mendel J M, Nejad A M. 2009. Forecasting injector/producer relationships from production and injection rates using an extended kalman filter. SPE Journal, 14(4): 653-664.

Lee H, Yao K T, Okpani O O, et al. 2010. Identifying injector-producer relationship in waterflood using hybrid constrained nonlinear optimization. SPE Western Regional Meeting, Society of Petroleum Engineers.

Nguyen A, Kim J S, Lake L W, et al. 2011. Integrated capacitance resistive model for reservoir characterization in primary and secondary recovery. SPE Annual Technical Conference and Exhibition, Society of Petroleum Engineers.

Oliver D S. 1996. On conditional simulation to inaccurate data. Mathematical Geology, 28(6): 811-817.

Oliver D S, Reynolds A C, Liu N. 2008. Inverse theory for petroleum reservoir characterization and history matching. London: Cambridge University Press.

Panda M N, Chopra A K. 1998. An integrated approach to estimate well interactions. India SPE: Oil and Gas Conference and Exhibition, Society of Petroleum Engineers.

Refunjol B T, Lake L W. 1998. Reservoir characterization based on tracer response and rank analysis of production and injection rates. International Reservoir Characterization Technical Conference.

Soeriawinata T, Kelkar M. 1999. Reservoir management using production data. SPE Mid-Continent Operations Symposium, Society of Petroleum Engineers.

Sayarpour M. 2008. Development and application of capacitance-resistive models to water/carbon dioxide floods. Texas: The University of Texas at Austin.

Sayarpour M, Kabir C S, Sepehrnoori K, et al. 2010. Probabilistic history matching with the capacitance-resistance model in waterfloods: A precursor to numerical modeling. SPE Improved Oil Recovery Symposium, Society of Petroleum Engineers.

Salazar-Bustamante M, Gonzalez-Gomez H, Matringe S, et al. 2012. Combining decline-curve analysis and capacitance/resistance models to understand and predict the behavior of a mature naturally fractured carbonate reservoir under gas injection. SPE Latin America and Caribbean Petroleum Engineering Conference, Society of Petroleum Engineers.

Tiab D, Dinh A V. 2008. Inferring interwell connectivity from well bottomhole-pressure fluctuations in waterfloods. SPE Reservoir Evaluation & Engineering, 11 (5): 874-881.

Yousef A A, Gentil P H, Jensen J L, et al. 2006. A capacitance model to infer interwell connectivity from production and injection rate fluctuations. SPE Reservoir Evaluation & Engineering, 9 (6): 630-646.

Zhao H, Yao J, Zhang K. 2011. Theoretical research on reservoir closed-loop production management. Science China Technological Sciences, 54 (10): 2815-2824.